福泉骊珠

遵化汤泉浴日

晏子有　晏颖／著

西南交通大学出版社
·成　都·

图书在版编目（CIP）数据

福泉骊珠：遵化汤泉浴日 / 晏子有，晏颖著. —
成都：西南交通大学出版社，2019.1
ISBN 978-7-5643-6584-4

Ⅰ. ①福… Ⅱ. ①晏… ②晏… Ⅲ. ①汤泉－介绍－遵化 Ⅳ. ①P314.1

中国版本图书馆 CIP 数据核字（2018）第 262016 号

FUQUAN LIZHU
ZUNHUA TANGQUAN YURI
福泉骊珠
遵化汤泉浴日
晏子有　晏 颖　著

责 任 编 辑　张慧敏
助 理 编 辑　郑丽娟
封 面 设 计　SA 工作室

出 版 发 行　西南交通大学出版社
（四川省成都市二环路北一段 111 号
西南交通大学创新大厦 21 楼）
发行部电话　028-87600564　028-87600533
邮 政 编 码　610031
网　　　址　http://www.xnjdcbs.com
印　　　刷　四川煤田地质制图印刷厂
成 品 尺 寸　170 mm×230 mm
印　　　张　14.75
字　　　数　203 千
版　　　次　2019 年 1 月第 1 版
印　　　次　2019 年 1 月第 1 次
书　　　号　ISBN 978-7-5643-6584-4
定　　　价　55.00 元

序言

遵化汤泉是世界上最早有文字记载的古老温泉之一。距今1600年前，郦道元《水经注》详细叙述了遵化汤泉。《水经注》是为《水经》作注的，而《水经》成书于公元前，由此可见遵化汤泉至少已有2000年为人类洗浴疗疾的历史。

福泉宫入口牌坊

遵化市政府凭借这一珍稀资源，成功招商引资，金融街控股公司投资100亿元，规划打造金融街古泉小镇。

上图：金融街控股代表与福泉宫代表洽谈合作

下图：汤泉村石树青老村长出让给马鸿鸣的温泉井

值此古泉小镇成功落地、顺利开工之际，《福泉骊珠——遵化汤泉浴日》《福泉骊珠——遵化汤泉诗词》《福泉骊珠——遵化汤泉文赋》即将出版，作者晏子有、晏颖父女约我写序，不敢推托，勉而为之。

我与汤泉有着众多因缘。

第一次来汤泉是20世纪80年代初，刚满20岁的我在计划生育宣传站工作，兼职电影放映员，来汤泉公社为社员放电影，宣传计划生育，匆匆忙忙洗了个温泉澡。1988年，我扔掉公务员“铁饭碗”，来汤泉创业，一干就是十年。再后来离开工厂从事建筑、房地产、商业、旅游，但是冥冥之中好像有一种力量一直牵引着我，我的事业一直没离开过汤泉。35年间，汤泉水滋润着我的生命、生活、事业。

2000年汤泉供销社改制，为安置职工，准备把院内土地出让。我闻讯后不假思索就买下了当时出让的5.4亩土地，后又把余下的4.5亩地长期租用。后来，我用这块土地置换了汤泉村老村长在后峪子地方的一口温泉井。

这口井是老村长为浇树投资打的一口凉水井，不料喷涌而出的是热水，是温泉，而且自涌不息。为避免把周围庄稼烫伤，只好用铁盖把井封上。后来，这眼温泉井周围的500亩土地就作为今天福泉宫的选址。再后来，又有了袁果庄村3000亩的“中国汤泉养老城”的选址，有了26平方千米的“汤泉旅游集聚区”规划，有了招商引资金融街的标的。

由于时代的变迁，地质条件和地质构造的变化，历史上好多温泉消失了，《水经注》上记载的温泉有些也已无影无踪。遵化汤泉地下究竟蕴藏着多少热水，可开采储量多少，这是我十几年来一直探寻的问题！按最初国家地质普查和地方有关部门提供的资料，可开采量较少，日用量2000吨左右，上限不能超过3000吨。也就是说这点水做医疗健康产业可以，不足以支持大规模的旅游和商业开发。当今世界上好多国家，都在开发利用地热资源，地下热能是已知的煤炭、石油、天然气等能源总和的上万倍。后来通过与天津地质研究院、北京地质研究院、中科院地理所、北京大学地球与空间科学学院的专家广泛合作研究，并大胆实践，扩大勘探和开采的深度和广度，经过反复实验探索，初步得出较为理想的结论。按目前已掌握的情况，汤泉10平方千米范围内，有巨量地热能可供开采，仅福泉宫周边日开采量可达3万吨以上。开采范围和涌水量为原来估计的10倍以上。按目前储量估算，汤泉地下热水储量可大规模

上图：福泉宫汤泉浴日亭

下图：福泉宫温泉泳池

进行医疗养生、旅游洗浴及商业房地产开发，还可适度开发新能源，利用地热供暖，甚至可以利用地热能发电。这一清洁能源的梯度综合利用，可在汤泉社区范围内实现生产、生活污染物零排放。

为深入挖掘遵化汤泉文化内涵，我于2004年经人介绍，辗转找到晏子有先生，邀请他为遵化汤泉写一部著作。当时他正忙于文物工作，且鉴于手头关于汤泉的资料甚少，曾加以婉拒。在我的诚心邀约之下，经过两年努力，写成《驻跸汤泉》一书，出版之后深受广大读者喜爱。此后即一发而不可收，他们父女二人同心协力，广泛搜集，从瀚海般的古籍中发现了大量描述遵化汤泉的诗文，写成《福泉骊珠——遵化汤泉浴日》《福泉骊珠——遵化汤泉文赋》《福泉骊珠——遵化汤泉诗词》系列著作。从这些著述中我们了解到，遵化汤泉作为一处天赐资源，早在距今1600年前，就已经被人们关注。到了明正德以后，更加声名显赫。作者经过认真翔实的考证，把"汤泉浴日"一景的确定时间从清乾隆九年提前到明嘉靖三年，向前推了217年。在明嘉靖三年蓟州知州熊相所修的《蓟州志》中，"汤泉浴日"被列入"蓟州八景"之一。从此以后，歌颂和描述遵化汤泉的诗文，在地方志书中大量涌现。遵化得天独厚的地理条件，为封建帝王、士大夫以及文人雅士们提供了理想的休闲沐浴场所。从明宣德年间到明末这段时期，大批帝王将相相继来到蓟州遵化县。他们在处理政务和军务的同时，还体验着沐浴汤泉的舒适生活。一些文人墨客也慕名来到遵化，享受上天赐予的温泉之水。这些饱受"四书五经"熏陶的封建官僚和文人墨客，在嬉水娱乐的同时，面对汩汩喷涌的温泉水，诗兴大发，文思泉涌，华美辞藻喷薄而出，创作了一大批华彩无限的文赋，留下了众多美如珠玑的诗句。清朝，清世祖福临的陵墓建造在距汤泉仅5千余米的地方，所以遵化汤泉更为清朝皇家、贵族以及众多文士所瞩目。

读着《福泉骊珠》记述的史事和诗文，如同在读苏轼的温泉诗，看到他在温泉洗浴之后那种欣喜若狂的神态。古人创造出一句成语——"秀色可餐"。从《福泉骊珠》一书中，我们能够体验到：遵化汤泉美景可餐，而且由于有了深厚的历史和文化，所以她的滋味更加悠长，更加隽永！河北省区域内的天然温泉为数不少，如张家口市的赤城温泉，承德市的头沟温泉、汤头沟门温泉，石家庄市的平山县温泉等，都有自己独到的文化特色。愿本书能够对人们有所启发，通过深入挖掘各自的历史和文化，促进河北省汤泉资源的综合利用，整合历史文化资源，使二者相得

马鸿鸣于 20 世纪 90 年代初期在汤泉栽植的银杏树，现移植到福泉宫主题酒店东侧

益彰，起到积极的示范作用。同时，本系列著作中，对于遵化汤泉与天津市蓟州区盘山之间的文化历史联系也有所涉及，期待本书的出版能够对研究京津冀历史、促进京津冀一体化进程起到一定促进作用。今天全域旅游大幕已在我国拉开；“全域旅游”在2017年写入《政府工作报告》后，遵化市也顺应发展大势，做出自己的旅游规划，并把建设汤泉小镇列入发展规划之中。相信《福泉骊珠》套书，能给“全域旅游”事业添砖加瓦。

因为与汤泉的这些不解缘分，我写了这篇序。

遵化福泉宫温泉旅游度假有限公司发起人

马鸿鸣

戊戌年季夏作

前言

遵化汤泉，自古以来就是人文渊薮之地。从北魏时期郦道元垂青，将遵化汤泉写入《水经注》之后，更是历代有人在汤泉流觞吟咏。可惜随着岁月更替、年华流逝，所存于世上诗文，仅在明武宗正德年间以后有之，而这些吟诵之词，也都是散落在数万卷书之中。如明珠沉落于沧海之底，似璞玉深埋于莽莽山间。

那么，是明代以前没有歌颂遵化汤泉的诗文吗？非也。乃因兵燹战乱之故，乃由风霜剥琢之因，致使随珠毁于战火，荆玉没于霜刀。此说并不是无稽之谈，事出有因，言之有据。明朝著名将领戚继光在《葺汤泉记》一文中说道："余弱冠时部戍过之，环堵所刻如林。迨总镇之初再至，求其片石而不得，或以授梓无有也。盖窃伤之，而徘徊不能去。"戚继光于明世宗嘉靖二十七年正月首次率本部兵戍守蓟门，时年 21 岁；此后于二十八年、二十九年、三十年、三十一年频繁率部戍守蓟门。三十一年九月，又入京会试，恰逢俺答之侵。而隆庆二年二月，又总理蓟昌辽保四镇练兵事务，后任蓟镇总兵。至万历十一年二月，跋涉奔波于蓟镇 16 年。恰如戚继光长子戚祚国在《戚少保年谱耆编》中所说："家严频年戍蓟，习蓟事甚悉。"戚继光之言，乃其于世宗嘉靖年间至遵化汤泉时所亲身所历，亲眼所见，必定不虚。这些环堵所刻之碑如果幸存至今的话，其中当不乏宋、辽、金、元各个时期的佳作，甚至盛唐五季，以迄更远之瑰丽诗文，容或有之，思之至此，不禁令人拊髀太息！

我乏过人之才，受托于北京依水源房地产有限公司及遵化福泉宫度假置业有限公司，与小女一同浏览群书，广搜博采。探玉于群山之麓，撷珠于骊龙之颔。终于集明清以来帝王将相、文人骚客所作之遵化汤泉诗词 227 首，加以注释，并缀以作者生平事迹简介。欲授梓传世，以使不复蒙劫灰之难。

经过数年努力，搜集到十余篇关于遵化汤泉的文章，其中甚至有很多的名家作品！像明代的戚继光、王衡、宋懋澄，清朝的陈梦雷、毛奇龄、徐乾学、彭孙遹等，都是当时顶尖的文豪。他们在酣畅地享受遵化汤泉的热水之后，身心满足地写出了可以千古流传的华美篇章。

而在诗歌方面，不仅那些帝王将相留有作品，而且有大量名动天下的诗人到这里放歌。如明朝的唐顺之、徐渭、曹学佺，清朝的诗词双峰——纳兰性德和顾太清，都在这里挥毫泼墨。清初纳兰性德随康熙圣驾来此；清中期的顾太清，亦名西林太清，她更是陪同丈夫守护清东陵，在这里盘桓一年有余，熟悉了这里的山水，倾注了无限的柔情，写出了直抒胸臆的绝唱。而就女性来讲，前有明代的宫人王氏，后来清朝的西林太清，都是在文学界令女性扬眉吐气的英豪。她们的诗，使得遵化汤泉“石韫玉而山辉，水怀珠而川媚”！

汤泉的美景，吸引着众多的帝王将相、军事天才、文人骚客，他们与汤泉有了密切的联系，发生了不少脍炙人口的故事。为了给这些人提供洗浴休闲养生的场所，还在这里兴修了大量的建筑。这些史料对于促进遵化地方经济发展、召唤天下游人有着积极的作用，我们把它整理成书，以飨读者。

这些历史，这些文章，这些诗，是天上的云锦，是海里的珠玑。而今把它们裁剪下来，打捞上来，呈现在世人面前，还要把它们整理出书，也算是我们对世人的一个贡献了！

晏子有　晏　颖

戊戌年孟夏

湯泉浴日圖

福泉赋

京东二百里有座御温泉，燕山环拥，北枕长城。明代武宗皇帝驻扎狩猎，建“观音殿”，赐名“福泉庵”，自此福泉名扬天下。千年温泉汩汩泉涌，终年飞瀑流泉，雾霭云霞，依山卷舒，林木葳蕤。

福泉置地古镇汤泉，属河北省唐山市遵化市管辖。古镇历史悠久，久负盛名。北魏郦道元作《水经注》首次记述福泉：“水出北山温溪，即温源也。养疾者不能澡其炎漂，以其过灼故也。”在唐代，遵化温泉被列入天下十二眼名泉，称为“神水”。唐太宗东征以温汤疗疾大安，亲口赐名为“汤泉”，赐建“汤泉寺”，大兴土木建筑“汤泉公馆”，为皇家御用。辽代太后萧燕燕至汤泉建设梳妆楼。明代刘侗撰写的《帝京景物略》中记载天下温泉“最著者骊山，最洁者香溪，最热者遵化”。经历代宫廷拓建，汤泉市井繁华，清代康熙、乾隆多次驻跸。然风雨沧桑，如今古建筑多已荡然无存，仅留下明代蓟镇总兵戚继光建筑的“流杯亭”“六棱石幢”和部分碑刻。帝王将相、骚人墨客留下了二百余篇吟咏汤泉的诗词歌赋，散落于沧海古籍中。

汤泉四季分明。地热和山环相依，气候独特，浅山林拥，栗树满坡，“戚家军”当年所植林木依稀可见。森林覆盖率达 80%以上，空气中负氧离子浓度每立方米 10 000 多个。逢望之夜，山月上下，层峦叠翠，寒山远水，静谧清幽。景区内园林式建筑灰白相间，错落有致，现代化酒店拔地而起，绿树掩映，跌宕起伏，终年含水生烟。

在丰饶美丽的土地上，“绿、静、清、暖”四象横生，绿野无垠，静气无噪，清洁无尘，暖无严冬。四季有景，静怡安然，灵趣天成，风景胜江南。春来天地升温，枝梢新芽，青山流水鸟飞林，烟波雾霭化飞天。真个是：春月暖风吹人醉，地表生翠草色新，山外寒风欺人面，福泉滚滚唱春音；夏至葱茏叠嶂，林壑静幽，栗花繁似锦，十里香雪海，凉风轻柔，空气清新，沁人心脾，避暑绝佳处；秋日淡泊平静，时空湛碧，疏影横斜，层林尽染，丰硕果实满枝头，绚丽多彩，华光如练，徐风吹过遍地黄金甲，阳光映枝头，斑驳满地金；冬天千杆万枝迎风俏，雪飘飞迎落日霜，披拂照耀明灭处，但见天边云起时。塞北诸山惟余莽莽，古长城尽收眼底，虎踞龙盘天地一色。间或，雪花飞扬，室内外汤池氤氲迷漫，水木清华，温暖如春。

古有“汤泉浴日”——红日凌空，清泉如银，旭日在底，宛如水中朱砂。今有内八景：玉香缥缈，曲水流觞，东山飞瀑，龙游花海，飘雪妃浴，汤泉浴日，紫烟沧浪，寿山福海；外八景：下院问道，灵岩叠翠，龙虎拱日，仙桃拜寿，望湖观塞，将军戍边，仙舟峒天，七十二峰。令人心旷神怡。曲径通幽处，安闲自在心。徜徉山水烟霞间，谈笑误归期，相忘于江湖。

昔日皇家御用温泉，今朝被河北省人民政府批准为省级旅游度假区，成为人民乐园，福泉嬗变更加风采照人。

如此，岁寒暑往，世代相传，生生不息，是为赋。

原唐山市人民政府副市长

王元孝

公元二〇一二年十二月

目录

一、封建中后期遵化汤泉

明朝人刘侗在他与于奕正合撰的《帝京景物略》一书中这样写道：天下汤泉，“其最著者骊山，最洁者香溪，最热者遵化”。在中国历史上，遵化汤泉因其温度高于其他一些地方的温泉而被载入史册，被列为天下名泉之一。

清朝康熙年间陈梦雷编纂的《古今图书集成》中，列举了天下十二眼有名的温泉。其顺序为：“骊山而下，曰汝水、曰尉氏、曰匡庐、曰凤翔之骆谷、曰榆州之陈氏山居、曰惠州之佛岩迹、曰闽中之剑浦、曰新安之黄山、曰关中之眉县、曰蓟州之遵化、曰和州之香陵。”

这些汤泉，被称为“神水”，人们在这里进行沐浴，可以治疗皮肤病以及风湿等疾病。在全国数以千计的汤泉之中，遵化温泉有幸被列入屈指可数的名泉之中，可见其历史悠久，特色显著。

陈梦雷像

遵化市汤泉位于市区西北约二十千米处。这里的村庄因近临地下涌出的温泉，而被命名为“汤泉村”。

关于遵化汤泉最早的记载，始见于距今约1600余年前写成的《水经注》一书。这部成书于南北朝时期北魏的《水经注》，是一部由著名地理学家郦道元所著的地理学著作。它在记载全国河流的同时，对散处于各地的汤泉也进行了突出重点的记载。据研究者统计，《水经注》一书中所记载的温泉，合计达到31个之多。按照泉水温度的不同，郦道元将这些温泉从低温到高温划分出五个等级，依次为“暖”“热”“炎热特甚”“炎热倍甚”和“炎热奇毒”。《水经注》中所记载的这些温泉，分布在全国各地。

上图：明崇祯本《帝京景物略》

下图：《古今图书集成》

遵化汤泉被记述在《水经注》第十四卷中。郦道元在书中这样写道："鲍丘水又东，庚水注之，水出右北平徐无县北塞中，而南流历徐无山，得黑牛谷水，又得沙谷水。并西出山，东流注庚水。……其水又迳徐无县故城东，王莽之北顺亭也。《魏土地记》曰：'右北平城东北百一十里，有徐无城。'其水又西南，与周卢溪水合，水出徐无山，东南流注庚水。庚水又西南流，灅水注之。水出右北平俊靡县，王莽之俊麻也。东南流，世谓之车㡯水。又东南流与温泉水合。水出北山温溪，即温源也。养疾者不能澡其炎漂，以其过灼故也。《魏土地记》曰：'徐无城东有温汤'。即此也。其水南流百步，便伏流入于地下，水盛则通注灅水。又东南经石门峡，山高崭绝，壁立洞开，俗谓之石门口。汉中平四年，渔阳张纯反，杀右北平太守刘政、辽东太守阳纮。中平五年，诏中郎将孟益率公孙瓒讨纯，战于石门，大破之。"

郦道元像

为了帮助读者理解这段话，我们需要对遵化地名的变迁做一些必要的解释。"遵化"作为县名，最早出现于五代后唐时期。商朝时期，在古蓟州，即今天的北京一带建有箕国。当时的遵化，也在这个箕国的管辖范围之内。春秋时，今天津市蓟州区及河北省遵化、玉田一带隶属于无终国。战国时期，遵化又归燕国所辖。西汉时，遵化地方属右北平郡，为俊靡县和徐无县的各一部分，是右北平郡所管辖的 16 个县之一。在王莽的新朝时期，又将此地改称为"北顺亭"。郦道元《水经注》中所说的庚水，今名为"浭水"，又称"还乡河"。其一条支流发源于迁西县境内的黄山之麓，由岩口入丰润，西经五峰头，南折韩家岩、白草坡向西经狐儿崖山东侧复向南折，至丰润县城，然后向西南奔流，经今玉田、宁河而入海；另一支则发源于遵化西北店山上，经丰润北而西流。

遵化汤泉之水由福泉山南注，流经遵化西南四十余里的石门口，流入玉田，并入浭水。沙谷水，即今天流经遵化市沙坡峪的河水。沙坡峪，今属遵化市兴旺寨乡管辖。

上图：昔日灅水，今上关湖局部　李文惠/摄影

下图：灅水，今名魏进河河道　　李文惠/摄影

灼热的汤泉　李文惠/摄影

综上所述，《水经注》所说的徐无县、俊靡县、俊麻县、北顺亭，都是遵化在历史上曾经有过的名称。而徐无城，即历史上的徐无县县城。《水经注》中关于此处汤泉“水出北山温溪，即温源也。养疾者不能澡其炎漂，以其过灼故也”，与明朝刘侗温泉“遵化最热”的说法，是完全吻合的。

清乾隆年间成书的《直隶遵化州志》中这样记载：“《水经注》云：‘渔阳之北有温泉。’《魏氏风土记》曰：‘徐无城东有温汤，水出北蹊。’按其地即遵化之汤泉也。”渔阳，指的是古蓟州，即今天的天津市蓟州区。而徐无城，则是汉时遵化地方的县城。《水经注》一书，为南北朝时的地理学家郦道元所著。从这里我们可以看到，早在距今1600年前，我国古代的史籍中，就已经有了关于遵化汤泉的记载。

但是，郦道元的《水经注》一书中关于遵化汤泉位置的记载，却似乎有着谬误之处。清末民初宜都人杨守敬在给《水经注》一书作疏时，曾经对“徐无城东有温汤”提出疑问。他说：“此‘东’亦当做‘西’，上言庚水经徐无城东，不言灅水经徐无城，则灅水西南流必远在城西，温泉在灅水之西，则更在城西，故知此‘城东’以作‘城西’为合。”按杨守敬在《水经注疏》中称，徐无城“故城在今遵化州东”。以此说，则徐无城还在今遵化城东，而汤泉在今遵化城西四十里，则温泉在旧时的徐无城之“西”，是确切无疑的了。

清人杨守敬《水经注疏》

但是，此事却不能就此做出结论。清同治年间所修纂的《遵化通志》一书这样写道："徐无故城在州西。"从这条记载来看，郦道元在《水经注》中所说的并没有错，倒是杨守敬所作的注疏有误。

近年来，笔者对徐无城所在地进行了考察，结合史实记载，证明徐无城的准确地址在遵化城东南50余千米的泉河头乡古石城，此地属唐山市丰润区。如此来看，则杨守敬在《水经注疏》中所说的，是正确的。

清同治年间所修纂的《畿辅通志》卷七十六·河渠二·水道二中这样写道："汤河，《水经注》所谓温泉水也，水出北山蹊。案：《一统志》'汤泉在遵化西北四十里福寺山下，宽平约半亩，泉水觱沸，隆冬如汤。'南流百步复伏，水盛则通注于灅水，在今鲇鱼关内东侧，其西有魏家河，出关外由田峪东发源，东流经马兰峪，关外又东入鲇鱼关，南与汤河合。案：'汤河以温泉得名，因而附近支流，俗皆被以汤河目之。如大汤河、小汤河，即魏家河亦在内也。'又南至夹山，北有马兰峪河自口外南流，绕皇陵之左由郭家场东北渐迤而东，南至水门口入沙河。"此条与《水经注》中关于汤泉的记载基本相同。

1．唐帝、辽后浴汤泉

唐宗东来洗征尘

与陕西骊山温泉很早就有着车水马龙、人声喧嚣的热闹场面相比，遵化汤泉因为地处偏僻山区而在较长的时间内没有得到封建社会最高统治者的重视。

在中国封建社会的前期，遵化汤泉始终处于默默无闻的状态，颇有些藏在深山人不知的寂寞。从现有的材料来看，直到唐朝贞观二年，遵化汤泉才建起规模较大的寺院，此后又有唐太宗李世民来此洗浴。至此，遵化汤泉才开始崭露头角。

据清光绪年间知州何崧泰组织编纂的《遵化通志》记载："福泉寺，州西北四十里，即汤泉寺，唐贞观二年建。"由此可知，最迟在唐朝初，遵化汤泉已经为佛家所重视，并被其利用。

唐太宗李世民像

而遵化汤泉得到唐朝最高统治者的青睐，则是在唐太宗率师东征之际。

据遵化当地民间传说，唐太宗李世民率领兵将东征之时，经过此地，发现这里的汤泉水温热可爱，随即在此洗浴，以祛除征途的疲惫。

在东征的过程中，李世民前后两次到了幽州，即出师的时候和班师还朝的时候。唐朝的幽州城，就在今天的北京附近，而今天的遵化地区，在唐代时则恰恰归属于幽州管辖。

临榆关，又称榆关、渝关，在今秦皇岛市山海关区境内。隋唐时榆关为重要关口。隋文帝开皇二年（公元 582 年）四月，派遣上大将军贺娄子干为榆关总管。隋、唐两朝，曾经多次派兵从这里出关。从这里，我们可以看出榆关在军事上的重要性。《括地志》云："幽州东北七百里有渝关，在平州石城县，关下有渝水通海，自关东北循海有道，道狭处才数尺，旁皆乱石，高峻不可越。"《汉书》中说："渝水首受白狼，东入塞外。"又云："侯水北入渝。"渝关即临渝关，以其近临渝水而得名。

据明代人詹荣所纂修的《山海关志》记载，开皇十八年（公元 598 年），隋文帝曾派皇子汉王杨亮为行军大元帅，率水陆大军三十万，出临渝关征伐高丽。《隋书》卷二《高祖本纪下》对此也有记载。其中所说的临渝关，即是此地。隋炀帝时，也曾从此处出兵。隋炀帝于大业八年（公元 612 年)、九年、十年曾经三次出兵东征。第一、二次出兵路线,《隋书》中未有记载,而第三次,则记有:炀帝于大业十年“三月壬子,行幸涿郡,癸亥次临渝宫,亲御戎服,祃祭黄帝,斩叛军者以衅鼓”。(《隋书》卷四·帝纪第四·炀帝下)可以明确地看出,隋军是从临渝关出征。隋军前后四次出征高丽期间,是否到过遵化汤泉,史无明证,稗史中也无记载,我们不得而知。但是隋文帝送自己的爱子汉王杨亮出任并州总管时,却是“上幸温汤而送之”。虽然这个温泉是指骊山温泉,但是由此可见,隋朝的皇帝,也是把汤泉作为自己处理政务时的一个重要场所。由此可见,人们所说的“隋唐皇帝爱洗温泉浴”,是有其根据的。

李世民东征是从都城长安出发,经过幽州,出秦皇岛境内的临榆关,进行东征。在这条路上,遵化的石门驿为必经之路,而汤泉距石门驿仅有不足 10 千米。唐太宗自己,或者是率随军的文武官员人等,顺便到汤泉沐浴,也是顺理成章的事情。况且,唐朝皇帝酷爱洗温泉浴的事,在《旧唐书》和《新唐书》中都有详细的记载,在唐人笔记中,也都有详细的记叙。

唐高祖李渊

武德五年(公元 622 年),唐朝刚刚建立不久,唐高祖李渊就于当年十二月校猎于华池。以后,高祖又多次到骊山校猎。骊山校猎的目的之一,就是到温泉行浴。唐太宗本人,也是十分喜欢洗温泉浴的,仅从《旧唐书》记载中就可以知道,他曾经至少有四次到长安附近的骊山温汤行浴。李世民在东征时,于戎马倥偬之中,顺便到遵化汤泉进行洗浴,以解征途疲乏,也在情理之中。

李世民此次东征,在《旧唐书》和《新唐书》中虽然没有他曾经到俊靡县(即今遵化市)汤泉的记载,但关于他洗浴汤泉之事,在遵化当地百姓中口口相传。

在民间传说中,李世民在行军的过程中,曾经到过遵化汤泉,这也是可能的。清朝时期所纂的《遵化州志》等旧志书中关于唐太宗李世民曾经到遵化汤泉进行洗浴之说,不为无据。

谁寻萧后有妆楼

唐朝灭亡之后，后梁、后唐、后晋、后汉、后周五代纷纷更迭，那些中原的帝王们忙于征战，恐怕也无暇到汤泉这里来享受这热气熏蒸、如入仙境的美趣。而此时崛起于北方的契丹贵族，在戎马征战闲暇之际，却曾经到遵化汤泉来沐浴天然汤泉，借此来消除鞍马劳顿。

明朝蓟镇总兵戚继光所撰写《蓟门汤泉记》，以及清朝乾隆年间遵化知州刘埥所撰的《萧后妆楼记》中，都留下了一些关于辽国皇帝、皇后、贵族官僚曾经到此来沐浴的蛛丝马迹。在元朝脱脱所撰写的《辽史》中，更有辽国皇帝驾临沐浴汤泉的记载。

戚继光所撰写《蓟门汤泉记》中这样写道："山之西椒，有浮屠以为表识。自西徂东为长垣，以接古台，稗官氏言辽萧后妆楼址也。"当时，汤泉所在之地，"虽寻割于契丹，或有萧后遗迹，然历金、元弗著"。就是说，在辽、金、元时期，可能在这里留下了萧太后遗迹，但是由于历史的原因，遵化汤泉却始终未能声名大著。

与五代及北宋王朝同时并存的契丹，是我国历史上著名的少数民族。在世界上，契丹也是一个非常有名声的民族。它在中国北方和东北地方建立了辽王朝。辽王朝先是和北方的后梁、后唐、后晋、后汉、后周五个封建割据王朝相对峙，并灭亡了石敬瑭所建的后晋王朝；后来，它又和赵匡胤建立的北宋王朝相抗衡。它在我国的历史上占有重要的地位，在中华民族的发展历史上，也起着非常重要的作用。

契丹是鲜卑族的一支，早在北魏时期的史书中已有记载。到了公元907年，八部酋长罢免了软弱的遥辇氏痕德堇可汗，改选迭剌部酋长耶律阿保机为可汗。公元916年，阿保机尽杀反对他的七部酋长，自称天皇王，国号大契丹，年号神册。阿保机在称皇帝号之前，认真学习汉人的文化和经济制度，又使用汉族的生产技术，并任用汉人韩知古、韩延徽、康默记为谋士。在安置汉俘、采用汉法、拟订制度、建设城市、提倡农业等各个方面，都收到很大的成效，从而使他从一个部落的酋长，迅速地成为新王朝的缔造者。

上图：辽太祖耶律阿保机像

下图：后晋高祖石敬瑭像

公元 918 年，阿保机修建西巴林左旗南波罗城楼城为皇都（后改称上京临潢府，在今内蒙古）。

与契丹族的迅速崛起和东北部的基本统一不同，当时中原内地却处于一片混乱之中。

遵化古属幽州。唐朝以前，幽州等处居于内地。五代后唐末帝李从珂即位以后，曾经怀疑石敬瑭有反叛之意。而此时的石敬瑭，也确实是心存异志。清泰三年（公元 936 年），李从珂下诏削石敬瑭官爵，并命大将张敬达率军讨伐叛将。而石敬瑭也不甘心束手就擒，遂派人向雁门关外的契丹贵族求援。九月，契丹王耶律德光自雁门关入，与后唐兵大战之后，击败了张敬达的兵将。为了得到契丹对自己称帝的支持，当时已经 45 岁的石敬瑭，不但认年仅 34 岁的契丹王耶律德光为父亲，还对契丹王说："愿以雁门已北及幽州之地为戎王寿，仍约岁输帛三十万。"（宋薛居正《旧五代史·卷七十六·晋书一》）自此以后，幽（今北京）、云（今山西大同）等十六州归入契丹势力范围。因此，契丹得以进入北方地区。而包括遵化汤泉在内的北方广大地区，也从此进入辽国版图。

契丹在得到幽云十六州之地以后，即在幽州（今北京）建立陪都，称为"南京"。

石敬瑭死后，继位的后晋皇帝石重贵，只向契丹称孙而不称臣，并且以武力抗拒契丹，因此而惹怒了契丹统治者。为了报复后晋，此时已经称帝的耶律德光，从公元 944 年开始屡次发兵进攻后晋。公元 946 年，契丹兵攻陷后晋都城开封，最终灭亡了后晋。947 年，耶律德光在开封又一次举行即位仪式，表示自己成了正式的中国皇帝，又把契丹国号改为"大辽"，目的就是要久占中原，以成统一中国的大业。此后，虽然在中原人民的反抗之下，辽统治者被从开封赶出，但大辽国仍然占据着幽州一带的北方广大地区。

幽云十六州之地被割让，使得中原广大地区无险可守，门户大开，失掉了防御上的有利地形。此后北宋王朝无力抵御辽和金两个少数民族政权的进攻，也与此有着非常密切的关系。

幽州进入辽的统治范围，从而也使辽的统治者们来到遵化汤泉洗浴成为可能。此后，在《辽史》中曾经多次出现辽国统治者到汤泉沐浴的记载。

辽兴宗皇帝像

辽统和十八年（公元 1000 年）春正月，辽圣宗耶律隆绪“还次南京。二月，幸延芳淀。夏四月己未，驻跸于清泉淀。五月丁酉，清暑炭山”。秋七月，驻跸于汤泉。统和二十一年（公元 1003 年）九月“癸丑，幸女河汤泉，改其名曰松林”。（《辽史》卷十四·本纪第十四·圣宗五）

辽重熙二年（公元 1033 年）八月，兴宗皇帝耶律宗真幸温泉宫。（《辽史》卷十八·本纪第十八·兴宗一）

作为游牧民族的皇帝，骑在马背上的大辽国皇帝的活动范围，远比以农业为主的汉族的皇帝更大。他们可以在其上京临潢府，即今天的内蒙古巴林左旗南波罗城一带活动，也可以到其南京，即今天的北京一带行猎。在《辽史》中，虽然没有明确地记载圣宗、兴宗等皇帝到遵化汤泉沐浴，但是从他们活动的范围来看，不能排除辽国皇帝、皇后到遵化汤泉洗浴的可能性。

在《辽史》中，有关辽兴宗耶律宗真的行踪，记载了一处与遵化汤泉邻近的地名。辽重熙五年（公元 1036 年）九月癸巳，兴宗“猎黄花山，获熊三十六，赏猎人有差”。

黄花山在今遵化市与天津市蓟县交界处，在遵化汤泉之西，距汤泉约 20 千米。“黄花山，在（蓟）州东北六十里。雄踞平原，路径屈曲。多松林葱翠。”（清光绪《畿辅通志》卷五十七·舆地略十二·山川一）其处“山势雄曲，松林葱翠，上有玉皇殿一座，铁瓦无梁，后易琉璃瓦”。

上图：黄花山，辽兴宗曾在此行猎　李文惠/摄影

下图：明朝诗人李梦阳书法

（《蓟县志》第二十编·文物名胜，南开大学出版社、天津社会科学院出版社1991年版）

根据以上史料，我们可以断定，辽兴宗曾经到遵化汤泉进行洗浴，是十分可信的事情。而辽圣宗耶律隆绪到遵化汤泉休沐之事，也是信而有征。因此，大辽太后萧燕燕在其子圣宗耶律隆绪的陪同下，到遵化汤泉洗浴休沐，也是顺理成章的事情了。

虽然在史书中没有关于辽国太后洗温泉浴的直接记载，但是在《日下旧闻考》《遵化州志》等地方志书中，却还是有只鳞片甲，透露出了一些关于萧太后沐浴的事情。《日下旧闻考》卷一百三十四·京畿·昌平条引《长安客话》："出百（"百"字后疑脱一"泉"字——引者注。孙承泽《天府广记》："百泉在〔昌平〕州西南四里，……温泉出州西北二十五里之汤峪。"）望西北六十里，有陉曰十八盘山。有汤泉，云是辽萧后浴处。"卷一百三十五引《大清一统志》："古疑城在（昌平）州东南二十五里南小口之西，相传辽萧后屯兵于此。"而在《遵化州志》中，关于辽朝萧后到遵化汤泉洗浴，不但有稗官记载，更有古梳妆台为证，并且萧后梳妆楼基址至今尚存。

传说为辽萧太后而建的梳妆楼，下半部是由青砖砌甃的四方形墙壁，宽与高各二丈左右，四面各设拱券，楼顶呈穹窿形式，其状如同蒙古包。萧后梳妆楼，是萧太后来遵化出巡，或到此征讨之际，用来沐浴、梳妆的。

明朝诗人李梦阳曾经有诗咏萧后梳妆楼。其诗云："萧后妆台换上阳，春风珠箔舞垂杨。半夜开城归万马，至今迷失几鸳鸯。"上阳宫在河南洛阳，是唐高宗李治所建的行宫。这句诗是说，萧后妆楼不是建在都城内，而是建在行宫中。可见，遵化汤泉有萧后妆楼之说，是有一些依据的。

关于萧后来遵化汤泉之事，虽属稗官者言，然考诸史籍，可以从中找到蛛丝马迹，也不是必无的事情。

辽国历代皇帝，除辽太祖耶律阿保机娶述律氏外，其他各帝均娶萧氏之女为皇后。自太宗耶律德光以下，辽朝各帝所娶的萧氏皇后分别是：太宗靖安皇后萧氏，小字温；世宗怀节皇后萧氏，小字撒葛只；穆宗皇后萧氏；景宗皇后萧氏，讳绰，小字燕燕；圣宗仁德皇后萧氏，小字菩萨哥；兴宗仁懿皇后萧氏，小字挞里；道宗宣懿皇后萧氏，小字观音；末代天祚帝皇后萧氏，小字夺里懒。

在辽国这众多的皇后之中，到底是哪一个萧后最有可能到过遵化境内的汤泉呢？我们不妨从《辽史》的只言片语中，来探寻一下事情的真相。

上图：辽圣宗像

下图：萧观音像，传为辽道宗皇后

在大辽国萧氏皇后中，真正有所作为，并且在青史上留名的，只有景宗皇后萧燕燕一人。

《辽史》卷三十一载：景宗睿智皇后萧氏，讳绰，小字燕燕，北府宰相思温女。从幼年时起，萧燕燕即显示出其聪明才智。辽景宗耶律贤即位后，选萧燕燕为贵妃，不久册封为皇后，并生辽圣宗耶律隆绪。辽乾亨五年（公元 983 年），景宗驾崩，萧燕燕被尊为皇太后，统摄国家政事。在摄政期间，萧太后任用耶律斜轸、韩德让等贤臣，参决大政，以于越休哥管理对宋用兵事。萧燕燕明达治理国家之道，精通军事。在对北宋的澶渊之战中，萧太后亲临战阵，率二十万辽兵南侵。她亲自指挥三军，赏罚分明，终于促成了历史上著名的“澶渊之盟”。由于萧燕燕的辅政和教导，辽圣宗也成了辽国历史上的一代圣主。

在民间传说中，关于萧太后的故事，以及文学作品和《杨家将》等戏剧作品中的萧太后，都是指辽景宗皇后、辽圣宗之母萧燕燕。

辽圣宗统和元年（公元 983 年），耶律隆绪为母后萧氏上尊号为“承天皇太后”。二十四年（公元 1006 年），又加上尊号“睿德神略应运启化承天皇太后”。统和二十七年（公元 1009 年），萧太后崩，上谥号为“圣神宣献皇后”。重熙二十一年（公元 1053 年），辽兴宗耶律宗真为萧太后更定谥号，为“睿智皇后”。

《辽史》中关于圣宗驻跸汤泉的事迹，已如前述。辽帝驻跸汤泉的事，在史书中有记载的共有圣宗、兴宗二人，而这两位辽国皇帝，一位是萧太后萧燕燕的儿子，一位是她的孙子。二人都与萧燕燕有着密切的关系。辽圣宗皇帝耶律隆绪在位时，萧太后执掌朝政，但兴宗皇帝在位时，萧太后已于此前去世。因此，兴宗皇帝不可能陪同萧太后幸遵化汤泉，但是兴宗之父圣宗皇帝奉皇太后萧燕燕到遵化汤泉沐浴，是完全有可能的。

另一个有据可考来过遵化汤泉的辽国萧后，是道宗耶律洪基的宣懿皇后萧观音。

清朝初期的诗人尤侗所作《萧后洗妆楼》诗这样写道：“萧娘美可怜，十香衔冤死。谁歌赤凤来，昭阳殉燕子。楼下春风吹，泪满胭脂水。”

道宗宣懿皇后萧氏，小字观音，钦哀皇后弟枢密使萧惠之女。姿态容貌为当时之冠，工诗善谈论，自制歌词，尤其善于弹奏琵琶。辽兴宗重熙年间，耶律洪基被封为燕赵国王，纳萧观音为妃。清宁初，立为懿德皇后。皇太叔重元妻行为不谨，以艳冶自矜，懿德皇后见到后告诫她：

“为贵家妇，何必如此？”皇后生太子浚，有后宫专宠。好音乐，伶官赵惟一得以随侍左右。辽道宗太康初年，宫中婢女单登、教坊朱顶鹤受人指使，诬蔑皇后与赵惟一私通。枢密使耶律乙辛将此事上奏辽道宗皇帝，皇帝下诏，命耶律乙辛与张孝杰审查此案。二人相互勾结，诬蔑此案为实。皇帝下诏，将赵惟一灭族，赐皇后自尽，将皇后尸首归于娘家。乾统初年，皇后之孙辽天祚帝为其平反冤情，并追谥为宣懿皇后，合葬庆陵。

有资料记载，辽道宗朝契丹宰相耶律乙辛勾引萧观音不成，遂勾结汉宰相张孝杰，请人撰写《十香诗》，并设计骗萧观音进行抄写，诬蔑为皇后所写，并以此来诬陷皇后与宫中乐官赵惟一有奸情。道宗将萧观音赐死，尸体运回娘家。

《十香诗》如下：

青丝七尺长，挽作内家妆；不知眠枕上，倍觉绿云香。
红绡一幅强，轻阑白玉光；试开胸探取，尤比颤酥香。
芙蓉失新颜，莲花落故妆；两般总堪比，可似粉腮香。
蝤蛴那足并，长须学凤凰；昨宵欢臂上，应惹颈边香。
和羹好滋味，送语出宫商；安知郎口内，含有暖甘香。
非关兼酒气，不是口脂芳；却疑花解语，风送过来香。

清朝著名文人尤侗在他的诗中记录了辽国历史上一桩大冤案和悲剧。

这位被屈含冤而死的皇后，博得了后来不少文人的同情，不但尤侗作诗为她鸣不平，与尤侗同时的清代词人纳兰性德也作词悼念：“六宫佳丽谁曾见，层台尚临芳渚。一镜空濛，鸳鸯拂破白苹去；看胭脂亭西，几堆尘土，只有花铃，绾风深夜语。”词中的“胭脂亭”，应该与尤侗诗中所指为一地，也是指汤泉萧后梳妆楼。

不但在稗史中有关于萧太后洗浴汤泉的记载，而且在明朝戚继光重新挖浚汤泉池时，也清理出一些实物，可作为辽统治者曾经在遵化汤泉活动过的佐证。

戚继光在其所撰的《蓟门汤泉记》中记载了这一次清理汤泉池内淤泥的情况：明万历二年（公元 1574 年）秋季，在清理旧有的汤泉池时，挖出有万户印一方、白金五两、簪子、耳环之类的东西，其中黄金类的有一斛、铜类的有三十五斛、各类铜钱六石七斗、铜镜一百五十七枚，皆蚀。

上图：清朝诗人尤侗

下图：清初词人纳兰性德像

戚继光在清理汤泉池时，挖出的铜镜，竟达一百五十七面之多。铜镜为古代妇女所必备之物。而古人磨制一面铜镜所耗费的功夫绝非小可。当时一般的民间妇女如果能够拥有一面铜镜，必定会珍爱非常，绝对不会将它轻易地舍弃。不是有相当地位的人，绝不会如此不加爱惜地抛掷铜镜；而且非有大批后宫女嫔到此，也不会将这么多的铜镜抛入池中。此外，汤泉水池中的簪子、耳环之类的东西，仅黄金所制的就达一斛之多。这样贵重的金属物品，若是民间的普通百姓，也必然异常珍惜，不会任意掷入水中，这也自然应该是皇家或者贵族女眷所为。而史书中记载，在戚继光重新挖浚汤泉池之前，明宣宗虽曾经来过此地，却未带宫眷。宣宗之后，仅有明武宗一人曾经带着嫔妃到此，但是武宗在这里驻跸的时间并不长。

如此推断，池中铜镜有相当一部分也许就是在辽太后萧氏来此驻跸时，由辽国宫中女嫔投入水中以取乐的。清乾隆年间任直隶遵化知州的刘埥在他所撰的《萧后妆楼记》中记述道：辽时，朝廷之中确实是有“万户”这样的一个官名，而泉池内遗留下来大量金银、铜钱、簪子、耳环之类的东西，并且有铜镜如此之多，而且皇家还在这里建有楼阁。这里是当年宫中眷属随从游幸的地方，可说是毫无疑问的了。出于慎重，刘埥对萧后是否来过遵化汤泉一事，暂且存疑，“但来此地的人，是否确实指的是萧太后，则属于未可知的事情啊！”可是，他对此也认为是疑似，而并没有断然否定。

在遵化城东二十里有一座辽太子墓，俗名“鞑靼坟”。清朝时宝坻人王汝彤经过辽太子墓时写下了一首诗：“一抔荒草竟千秋，名字谁稽玉牒留。每笑辽疆无片土，谁寻萧后有妆楼。群山围处距名胜，往代传人同古邱。到底青宫胜丹陛，春晖寸草补松楸。”从“每笑辽疆无片土，谁寻萧后有妆楼”这句诗来看，清人王汝彤也是相信在遵化县汤泉建有辽萧后梳妆楼的。

如此看来，辽萧太后在此建梳妆楼的事情，也是存在的。

传说中关于唐朝皇帝及辽朝帝后与遵化汤泉的关系，目前尚缺乏官方的史料证实，但虽非必有，却也不是必无之事。史学界历来重视野史的作用，可以这样说，稗官野史所记之事，虽不是件件都确凿无疑，但其从侧面佐证历史的作用，历来被史学工作者所重视，是不容忽视的。

从过去的史书上来钩沉稽古，遵化汤泉与皇家的关系看来都有所依据，绝不可看成是捕风捉影、子虚乌有之事。而关于辽国帝后到遵化汤泉洗浴之事，简直就可以确定为实有其事了。

2．明代遵化汤泉

捐弃大宁惹烽烟

明朝建国初期，太祖朱元璋为了防御元朝残余势力的南侵，在北部建立了大宁都指挥使司管辖大宁卫，领大宁左卫、大宁右卫、大宁中卫、大宁前卫、大宁后卫、兴州中护卫等卫，统辖今河北平泉、辽宁朝阳和内蒙古赤峰一带的广大地区。(《明史》卷四十・地理志一）为了加强对北部边境的防护，朱元璋还分封自己的第十七子朱权为宁王，镇守东至辽东，西接宣府的广大北疆地区。

明太祖死，燕王朱棣以“靖难”“清君侧”为名，从北平出兵，与自己的侄子建文皇帝朱允炆争夺皇位。

在这场战争开始之前，朱棣为了利用宁王手下的精兵，以及防止宁王阻断其后路，便用计谋挟持自己的弟弟宁王朱权，将其诱迫到北平，还许诺事成之后平分天下。以此为诱饵，来引诱宁王朱权为他夺取天下卖力。(《明史》卷一百十七・诸王传二）不仅如此，为了得到蒙古朵颜、福余、泰宁三卫兵力的支持，以扩大自己的实力，朱棣竟然将太祖时所立的大宁卫所辖辽阔地域，捐弃给蒙古朵颜、福余、泰宁三卫。朱棣的这一做法，虽然获得了“靖难之变”得胜的眼前利益，却使得明王朝的北部防线由河北平泉、内蒙古赤峰、辽宁一带，南移数百里，迁移到今天的长城一线，致使整个明朝统治的二百余年间，始终都遭受着蒙古各游牧部落的侵袭。明成祖永乐元年，朱棣更将大宁都指挥使司从北平迁至保定，也就使得北平及遵化、山海关一线，由原来的明朝腹地，变成了战略前沿地带。由于明朝战略防御地带的南迁，遵化也由唐、元时期的一个边鄙小县，一跃而成为一处重要的边境要地。为了适应军事防御的需要，明政府相应地从行政上也加强了对遵化地方的管理。

上图：明建文帝朱允炆

下图：明成祖朱棣像

明英宗朱祁镇像

明正统末年，明英宗在土木堡被蒙古瓦剌部俘获。此后，瓦剌部挟英宗入侵，致使京师戒严。为了军事的需要，明政府在京师地方设置了顺天巡抚。首任顺天巡抚，是麻城邹来学。当时正值景泰帝朱祁钰即位之初，边疆防御事务繁多，于是朝廷派邹来学“提督军务，总理粮储，兼巡抚顺天、永平二府，整饬紫荆、倒马等关兵备”。（清光绪《遵化通志》卷十八·艺文）明成化二年（公元 1466 年），更专设都御史赞理军务，巡抚顺天、永平二府，不久又兼抚河间、真定、保定三府。

从此以后，顺天巡抚成了明政府在京畿的常设官职。因为遵化战略地位的重要，顺天巡抚衙门就建在遵化县城。此后，直至明朝灭亡，以至于到了清朝初期，历任顺天巡抚衙门均设在遵化城内。

到了明世宗嘉靖二十九年（公元 1550 年），朝廷更增设总督蓟辽、保定等处军务兼理粮饷一员。辖顺天、保定、辽东三巡抚，兼理粮饷。

因当时明朝边境军务倥偬，且巡抚衙门设在遵化，蓟辽总督也经常驻节于遵化，于是遵化汤泉吸引了大批封建官僚。他们频繁地来往于遵化与京师之间，也就给明朝时期遵化汤泉的繁荣创造了有利条件。

堪舆大师来踏勘

从明朝初期起，关于遵化汤泉与封建帝王之间的关系，在史书中就开始有了明确的记载。有关此类事件的记叙，在明朝史籍中已经正式出现。关于遵化汤泉的情况，在各种地方史志之中，也就更加频繁地显现出来。一些封建官僚，以及当时一些非常著名的堪舆大师，也曾经到过遵化汤泉。

明朝初年，明成祖朱棣将都城从南京迁移到北京，为了给自己寻找身后的万年吉地，他不但从朝中派出钦天监官员来踏勘吉址，而且将当时非常著名的堪舆人廖均卿等，从江西兴国县三寮村请到北京。这些人于明永乐五年（公元 1407 年）十二月来到北京，先是察看了黄土山，即今天的明十三陵陵区，后来，又于永乐七年到其他地方，如北京的潭柘寺和遵化马兰峪，在踏勘马兰峪时，还到遵化汤泉沐浴，以祛除长途跋涉的疲劳。

廖均卿对替明成祖朱棣择陵经过做了详细的记录。后来，又由陪同他去北京勘陵踏穴的儿子廖信厚整理。据廖信厚《均卿太翁钦奉行取插卜皇陵及行程回奏实录》记载，廖均卿一行于永乐七年“闰四月初一日到神头行殿宿，初二日昌平随驾复看黄土山，回宿昌平。初三日早，帝王回京，我众人午后到龙舟庄宿。同伯邵初四日看阳山茶湖岭。初五日看洪罗山，初六日看百叶山，晚宿密云县巡海道镇守。初七日至辛家庄，初八日到斧口，初九日看谷山，初十日到文家庄，十二日到苏州（苏州，为蓟州之误——引者注），十三日到石门驿，十四日宿汤泉，十七日又苏州（此苏州，仍为蓟州之误——引者注）歇，十八日三河宿，十九日通州，二十日到东郭，廿一到石家庄。（五月）初三日看禅峰寺。初四日接驾，圣主吩咐众地理各回，只均卿一人同朕往峰山寺看后再回京。初五日引到百顺门”。

《均卿太翁钦奉行取插卜皇陵及行程回奏实录》对于廖均卿一行的行踪记录得清楚明白：永乐七年闰四月十四日宿汤泉，十五、十六两日虽无

上图：廖均卿，明初堪舆大师，明永乐皇帝朱棣长陵即为其所选

下图：喜峰口长城局部　孙雪梅/摄影

记载，但是他们仍是住宿在遵化汤泉，借机在这里休沐，以解数月来的旅途奔波劳碌的疲乏，当是无有疑问的。明末清初人梁份所撰《帝陵图说》记载，明成祖曾经到多个地方选择身后安葬之所。“天下吉壤至多，当年不取檀柘，中叶不取马兰，……彼廖均卿者相冢已也。”由此也可证明，为了给成祖选陵址，廖均卿等人确实曾经到过遵化，而其子廖信厚所言到汤泉洗浴之事也确切而无疑了。

明人刘侗在其所撰《帝京景物略》中写道：“汤泉在山坡下，沸而四出。万历五年，戚大将军继光甃石为池，深二丈，方四寻，覆以堂，曰：‘九新’。泉上有寺，唐贞观二年建，名福泉寺，俗呼汤泉寺。汤泉如分宁、临川、崇仁、安宁、宁州、白崖、德胜关、浪穹、宜良、邓州、庐陵、京山、新田皆有，其最著者骊山，最洁者香溪，最热者遵化。”《长安客话》说：“汤泉自平地涌出，浴之可以愈疾。上有福泉寺，寺迤北即马兰峪。”明人《燕山丛录》一书中也写道：“遵化县北四十里温泉，浴之愈疥。守臣为凿池受之，覆以钜屋，道（同导——引者注）其流折而左，入东院以待仕宦。复右折入西院，以待驺从。复南注为两池，以待行旅，使男女异处。皆石甃石栏，浴者甚便。”明末清初学者孙承泽在其所著的《天府广记》一书卷三十六中这样介绍遵化汤泉：“汤泉在遵化县西北四十里福泉山下，宽平约半亩许，泉水沸出，温可炖鸡，旁引为池，方平如鉴，又引入便房，裸浴颇适。”

绝塞温汤洗冷肠

由于遵化在战略上的地位日益重要，故而这里的汤泉屡屡受到明朝皇帝和王公大臣们的光顾。

明宣德三年（公元 1428 年）八月丁未，为了出征兀良哈，宣宗朱瞻基“自将巡边。九月辛亥，次石门驿。兀良哈寇会州，帝帅精卒三千人往击之。己卯，出喜峰口，击寇于宽河。帝亲射其前锋，殪三人，两翼军齐发，大破之。”“甲子，班师。至自喜峰口。”(《明史·宣宗本纪》)

清朝人查继佐所写的《罪惟录》帝纪卷之五对明宣宗出兵征兀良哈的事记载得十分详细：“宣德三年九月，至喜峰口，忽报兀良哈以万骑内扰，诸将请益征兵。帝曰：‘无庸，孽卤知吾在，喙走耳，此出路隘险，吾纵铁骑三千，出其不意捣之。’至宽河，卤猝逆战，帝分铁骑为两翼夹

上图：明宣宗朱瞻基像

下图：明武宗朱厚照像

攻之，亲射其前锋，殪三人。卤溃走，帝以数百骑逐北，卤望见黄龙纛，始知帝亲征，悉下马罗拜请降，斩其前渠，以众归，大飨士，亲作诗歌劳之。以忠勇王金忠功多，加太保。”查继佐《罪惟录》一书关于明宣宗征兀良哈之事的记载，在时间上与《明史》相同。

明宣宗朱瞻基出巡遵化汤泉，是为了征讨入寇的兀良哈部。而明武宗的出巡，则纯系为了满足自己嬉游无度的欲望。

明武宗朱厚照是个生性喜爱游玩的皇帝。他一生巡大同、至宣府、幸南京，到处游乐。正德三年（公元 1508 年），朱厚照又以行猎为名，到遵化游玩。他这次出游的目的是到遵化的汤泉洗浴，并非为了征战之事。但是，明武宗的这一次出巡，在《明史·武宗本纪》中却未见到相关记载。

在清朝时修纂的遵化地方史志中，却有对于明武宗此次出游的记载：“戊辰，正德三年，帝出猎驻遵化，自石门驿出喜峰口，征乌梁海，大破之。乌梁海适以其众万余人入寇，帝以铁骑三千逆击，大破之，获首数千。”（清光绪《遵化通志》卷五十九事纪.明）清朝人孙承泽写道：遵化汤泉“明武宗曾临幸，宫人王氏从驾，留诗刻石云：‘绝塞穷冬冻异常，小池何事暖如汤？可怜一脉溶溶水，不为人间洗冷肠。’”（清孙承泽《天府广记》卷之三十六）武宗出行时还带着宫眷，明显可见，其目的是出来游玩，而绝非为了征战。

并且，在《遵化通志》中也透露出这一消息：在明武宗出猎遵化时，“乌梁海适以其众万余人入寇”。在古代汉语中，“适”，是“适逢”“正逢”之意。春秋笔法，一字褒贬。《遵化通志》中仅用一“适”字，即透露出武宗朱厚照到遵化来的真实目的，仅仅是游山玩水。不过是正巧赶上乌梁海部入寇，也就使他这一次纯粹为了嬉游的外出，借此而称得上是师出有名。

明武宗朱厚照此次到遵化游玩，与宣宗朱瞻基来遵化，在时间上相隔 80 年。

谈迁《国榷》卷五十中还记载了明武宗另一次到遵化：“明武宗正德十三年五月己亥朔：日食，上次喜峰口，先是幸银山、蓟州遵化，以及喜峰。欲招致朵颜三卫夷人，纳质宴劳，巡抚蓟州副都御史臧凤疏谏，不报。癸卯，辅臣及科道疏请驾，不报。丙午，巡按直隶监察御史刘士元，兵科给事中汪玄锡，各谏招致三卫，不报。戊午，上还京。”

上图：喜峰口雄姿　　李文惠/摄影

下图：戚继光雕像　　李文惠/摄影

查继佐《罪惟录》帝纪卷之十一也有关于武宗此次出行的记叙：明武宗正德十三年“夏四月……复幸喜峰关，过滦河，大理寺卿陈恪卒。五月驾出口外，猎于古北，渔于滦河，观海于泊河，观渔于佛住山，致朵颜三卫夷，纳质宴劳。裸缚御史刘士元之失意近幸者，于行在军门，束杨鞭之。并知县曹俊等十余人槛京师。群臣谏，不听。戊申，驾还都。”

如此，则明武宗到遵化汤泉，不仅确定有一次，而且极有可能是来过两次。一次是在正德三年，一次是在正德十三年（公元 1518 年）五月。

兀良哈，又译为“乌梁海”，包括黑龙江以南、渔阳塞以北的广大地区。汉朝鲜卑、唐朝吐谷浑、宋朝契丹等少数民族，都曾经生活在这里。元朝时在这里设大宁路。明洪武二十二年，在这里设朵颜、泰宁、福余三卫指挥使司。明成祖朱棣通过“靖难之变”得到天下以后，为了酬谢三卫首领的功劳，便将这里的辽阔土地割让给三卫。自此以后，原来为明朝北部屏障的蒙古三卫，竟然变成了整个明朝 260 年间的重要边害。

明宣宗朱瞻基和武宗朱厚照到遵化汤泉休沐之事，在明蓟镇总兵戚继光所撰写《蓟门汤泉记》中，也有很明确的记载：“章帝征虏，凯旋驻跸；武宗虽游猎，未尝兴骊山之役。”戚继光是明朝中期的名将，不但长于武艺，而且精通史事，学问渊博，记载本朝皇帝出行之事，当不会有误。且在汤泉碑墙刻石上，留有武宗宫人王氏的诗，亦可为武宗曾经至此的确切证明。《天府广记》的作者孙承泽，是明末清初的著名学者。其所著《春明梦余录》《天府广记》对于明朝时京师遗事记载颇为详尽，它们“以明朝的京城——北京为主题，全面地辑录了大量的文献资料”。（《天府广记》出版说明，北京古籍出版社 1982 年版）《天府广记》一书中对于明武宗朱厚照巡幸遵化汤泉一事的记载，正可与清朝光绪年间成书的《遵化通志》互为表里，相互印证。

大将临戎亲合围

由于边备的需要，明政府除在蓟镇、保定镇大修边墙以防御蒙古各部外，为了提高守边部队的作战能力，每隔三年还要将蓟镇、昌平、保定三镇兵将聚集在一起，进行一次大规模的阅兵。在阅兵时，总理蓟镇军务的大将军，要会同朝廷派来的兵部大员，一起在遵化县大阅兵将。

届时，“自紫荆以东，山海以西，七萃咸属。控弦之士盖十有三万人，旌旗铠甲，车马辎重，照耀山川”。（明宋懋澄《汤泉纪事》碑文）七支精锐部队、十三万人马萃集汤泉，其规模是相当可观的。

最著名的一次军事演习，是在明隆庆六年（公元 1572 年）春。当时明政府在汤泉南面、堡子店以北的广袤原野上，举行了一次规模盛大的车骑步兵协同作战演习。参加这次检阅的将士有十余万众。兵部侍郎汪道昆率官千员阅阵，并借此机会来检阅戚继光改进军备的情况。

明朝兵部右侍郎、右佥都御史、总督蓟辽保定军务的刘应节，曾亲自参与并主持了这次阅兵典礼，他写了一首《蓟门会阅》，来颂扬大阅兵的盛况。诗云：

大将临戎亲合围，貔貅十万铁为衣。
月明虎帐传刁斗，风卷龙沙列羽旗。
转战河源边地动，屯军塞口阵云飞。
壮猷此日推元老，谈笑尊前赋采薇。

刘应节的这首会阅诗以写实的笔法，记叙了发生在隆庆年间那次大阅兵的盛大场景，我们今天还依稀能够从诗中看到十万健儿排列而成的龙腾虎跃的战阵、指挥若定的将军和旌旗猎猎的壮观场面。

也就是在这次阅兵的过程中，戚继光发现，因当时汤泉亭馆较少，在宴饮之时，连一些高级官员都只得拥挤在席棚之内。他认为此种等级不明的现象，“不足以示威重”。为接待好以后来检阅部队的官员，戚继光便命令士卒利用练兵和作战的闲暇时间，起造馆舍、浴池。此项工程，自万历二年秋季开始兴工，到万历四年夏季工程告成，前后历时三年。自此，汤泉馆室规模较以前更为扩大。

此后，直到明万历十一年（公元 1583 年）戚继光离开蓟镇时，遵化汤泉仍是那些戍边将士的理想休沐之地。融融的汤泉水，为那些总兵、副将、参将等将领，以及那些下级士兵们，在战争的间隙来遵化汤泉进行洗浴讲武休闲，提供了舒适的条件。

明万历四十六年，遵化县令张杰编纂《遵化县志》。他在书中对天下汤泉做了考证，对于遵化境内的汤泉也加以记载。其文曰：“邑西北四十里福泉山下，有记。汤泉可考者，《广志》载：‘一在新丰，一在广平。’

上图：兵部侍郎汪道昆像

下图：明代文学家王衡像

《吴郡录》：‘一在始兴山，一在零陵，一在宜阳南乡。’《荆州记》载：‘一在耒阳。’《博物志》：‘一在不周云川。’《名胜志》：‘一在滦州。’《一统志》：‘一在赤城，一在蔚州，一在孟县北，一在商城南，一在汝州，武后常临幸汝州；一在历山，一在七峰山，一在汉水南。’《郡国志》载：‘一在宜春南，一在银山县，一在溧水西南，昭明太子曾浴此。’《续征记》载：‘一在东莱郡，一在武功太乙山，一在录水源，一在沔池。’《东坡诗纪》：‘天下温泉，以骊山为最，若宁州白崖，德胜关、浪穹宜良，邓川三泊，凡数十处，而安宁为最；黄山、拓州亦有之；闽中尤多，皆作硫气。人有疥者，浴之辄愈，竹木浸一宿，则不蠹，盖硫黄能杀虫故也。唯安宁清澈，无硫气，有人见泉水赤如血，浮砂片，乃知温泉所在，必白矾、丹砂、硫黄为之根，乃蒸为暖耳。’《水经注》载：‘一在渔阳郡北。’《九域志》载：‘一在遵化县之福泉山下。’《景物志》载：‘汤泉者十有六，最著骊山，最洁香溪，最热遵化。’”（明万历四十六年张杰纂、清康熙元年周体观修《遵化县志》卷一·方舆志）

明朝时候的汤泉，不但是戍边将士的休养场所，也是文人骚客的游乐之地。

明朝时不但有王衡、宋懋澄等著名诗人来遵化汤泉游玩，而且著名书法家周天球、画家和军事家徐渭也来这里登临胜迹，写诗抒怀。

徐渭（1521—1593），字文长，号青藤道人，山阴人。明代晚期杰出的文学艺术家，被列为中国古代十大名画家之一。徐渭多才多艺，在书画、诗文、戏曲等领域均有很深的造诣，且能独树一帜，给当世与后代都留下了深远的影响。其画吸取前人精华，脱胎换骨，一改因袭模拟之旧习，喜用泼墨勾染，水墨淋漓，不求形似求神似，以其特有之风格，开创了一代画风。山水、人物、花鸟、竹石无所不工，以花卉最为出色，被公认为青藤画派之鼻祖。著有《徐文长全集》《徐文长佚草》及杂剧《四声猿》、戏曲理论《南词叙录》等。他的画风对明代的八大山人，以至清朝的郑板桥都有重大影响。郑板桥对徐渭非常敬佩，据传他曾刻有一印“青藤门下走狗”。近代画家齐白石曾说：“青藤、雪个、大涤子之画，能横涂纵抹，余心极服之，恨不生前三百年，为诸君磨墨理纸。诸君不纳，余于门之外，饿而不去，亦快事故。”吴昌硕也说：“青藤画中圣，书法逾鲁公。”

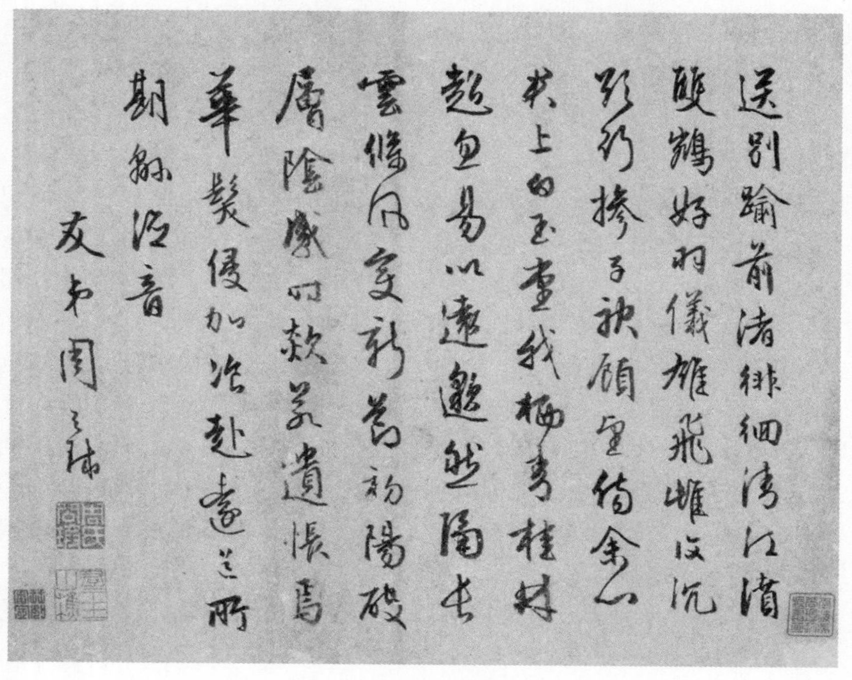

明代周天球书法

徐渭天才超群，诗文远超同辈。他善草书、工画花草竹石。他曾经自言：“吾书第一，诗次之，文次之，画又次之。”公安袁宏道游浙闽，得到徐渭残帙，以示祭酒陶望龄，二人相与激赏，并刻其集行世。

徐渭幼年时就有盛名，嘉靖时总督胡宗宪招为幕府。渭知兵好奇计，胡宗宪擒倭寇徐海、诱捕王直等人，徐渭皆参与设谋。后来胡宗宪下狱，渭惧怕被牵连受祸，遂发狂，前后九次自杀，曾用大钉刺入耳道深达数寸，又以锤砸碎卵囊，皆不死。嘉靖四十五年（公元 1566 年）他因精神病发作杀继妻，论死入狱。状元张元忭力救出狱。后，渭游金陵、抵宣府、辽东，纵观北边关塞，教授李如松兵法，结识蒙古首领俺答夫人三娘子。他的这首《萧后梳妆楼》——“萧后梳妆别起楼，太湖石在水空流。而今楼瓦飘零尽，只乞中官看石头”当是写于此时。

不但国内众人，甚至于当时明朝属国的使臣，都曾对此泉有所垂青。

处于中国腹地的遵化和朝鲜半岛相隔遥远，但是在历史上，这里却曾经是明清朝廷和宗属国朝鲜使臣往来的必经之路。这样，就使得遵化的福泉寺与远在天涯海角的朝鲜产生了密切的联系。

在《明诗综》和清初王渔洋《池北偶谈》两部书中，都提到了柳永吉的《福泉寺》一诗，说它是明朝使者从朝鲜采集来的汉文诗歌。《明诗综》一书中收集的诗歌，有相当一部分是朝鲜人在出使明朝时所写的。《福泉寺》一诗，就是柳永吉出使明朝时，住宿于遵化福泉寺所作。

柳永吉《福泉寺》全诗如下："落叶鸣廊夜雨悬，佛灯明灭客无眠。仙山一到伤春暮，乌帽欺人二十年。"

据朋友提供的韩文资料记载："柳永吉，明朝时期朝鲜人，字德纯，号月篷，籍贯朝鲜全州。他是柳轩的曾孙，祖父是柳世麟，父亲是参奉柳仪，母亲是卢佥的女儿。柳永吉还是领议政柳永庆的哥哥。"他出生于1538年，即朝鲜王朝中宗三十三年，去世于1601年，即朝鲜宣祖三十四年，享年64岁。他生活的年代，相当于明王朝嘉靖十七年至明万历二十一年。

柳永吉于1559年考取别试文科，曾任副修撰，正言，兵曹左郎，典籍、献纳等官职，于1565年担任平安道道使，但是由于阿谀权臣李樑被弹劾罢职。1589年担任江原道观察使，承文院提调等官职。

1592年倭寇入侵朝鲜，柳永吉在春川任江原道观察使，当时协助防守将领元豪在骊州甓寺阻止入侵的日本军队渡河。可是他却错误地发送檄书，把元豪的部队调动到本岛，从而使得日军有机会渡河。

1597年，柳永吉担任护军、延安府使，二年后担任兵曹参判、京畿道观察使，1600年担任礼曹参判。柳永吉一生精于诗文，著作有《月篷集》。

柳永吉出使明朝的具体年代不详，但是从《福泉寺》一诗中可以看出，当时他的情绪非常低落：在夜雨声中，暮春之际却听到了树叶在廊间鸣落，可见自然界的些微变化对他都是极大的冲击。在这首诗里，我们看到的不是春天的明媚，而体会到的却是深秋的肃杀。"乌帽欺人二十年"，更是写出了诗人心中的惆怅和无奈。乌帽，是隋唐时人所戴的一种帽子，高直顶部圆而且尖。后传入日本和朝鲜。可见他出使明朝的时间，当是在政治上失意之后。

关于资料中提到的朝鲜权臣李樑（1519—1563），可以查到的资料不多，只知道他是全州李氏，字公举。朝鲜王朝的王族，儒学者和政治人物。朝鲜太宗的次男孝宁大君李补的五代孙，朝鲜明宗妃仁顺王后沈氏和沈义谦，沈忠谦兄弟的舅父。

明朝时期的朝鲜人柳永吉，用诗歌抒发了自己在政治斗争中失意的悲凉心境，也记下了自己出使明朝，来到并住宿在遵化福泉寺的行踪。

这些文士们在遵化汤泉饮酒赋诗，或发布对朝政的意见，或阐述对边事的看法，或抒发对人生的感悟，并且将这些诗文镌刻在碑石之上，从而给后人留下了弥足珍贵的精神和文化财富。

3. 清朝帝后御汤池

欲挽天河一洗兵

满族以游牧民族入主中原，统一中国，建立了大清王朝。他们也承袭了唐、辽等游牧民族出身的最高统治者那种酷爱洗温泉浴的习俗。

早在东北肇基之时，清朝的皇帝就非常喜欢到温泉洗浴。清太祖努尔哈赤曾到辽宁本溪县城西十五里的清河温泉，并在此地建起了一座温泉寺。

明天启六年（公元 1626 年），即清天命十一年正月，清太祖统兵十三万进攻宁远城。在明朝宁前道袁崇焕的打击之下，兵败而归。二十余年所向披靡的努尔哈赤，竟败在一个名不见经传的人手下。此次兵败，使得努尔哈赤心情极度愤闷，竟因此毒疮发于背。为了治疗疮疾，他于当年，即清天命十一年七月二十三日，放下繁忙的军务，到清河温泉沐浴疗疾。八月初七日，因病情严重，遂乘船南下欲返回京师沈阳。到达距沈阳 40 里的爱鸡堡，因身体不支，召大妃乌喇那拉氏相见，想托以后事。（《清太祖实录》卷一〇）

上图：清太祖努尔哈赤像

下图：清太祖努尔哈赤福陵

而据滕绍箴考证，努尔哈赤之所以欲回京师沈阳，并非因“病情加重”，而是因为在浸泡汤泉之后，“努尔哈赤逐渐感到周身舒展，误以为病体果真康复了，便急着要回沈阳去。他乘船由太子河顺流而下，并传谕大福晋阿巴亥前来迎接，会于浑河”。但当他走到沈阳东 40 里的爱鸡堡时，背上的毒疮却突然发作，与世长辞。（滕绍箴《努尔哈赤评传》，辽宁人民出版社 1985 年版）

考究以上两种说法，当以第二种合乎情理。因为如果此时努尔哈赤“疾大渐”的话，应当不会再奔波于舟船之上，以致徒增病势，而只能速召其诸子及文武大臣到清河温泉来相见，嘱托后事了。

在入关定鼎之前，满族的兵将们也对遵化汤泉产生了浓厚兴趣。

明末清初的史学家谈迁所著的《北游录》一书记载，清世祖顺治十二年四月，清朝太史吴伟业的同乡王生自沈阳归来，与谈迁说起在往返路程中的所见所闻。王生说道：自通州渡潞河而东，历邦君店、柳河屯等处，至遵化石门峡。“又数里桃花寺，寺山半而泉环之。又数里大安口，有堡。己巳，北兵所从入也。其南福泉山，汤泉约半亩，人争浴焉。”（清谈迁《北游录》纪邮下）

谈迁《北游录》所记，中间也有讹误之处。书中说桃花寺位于遵化石门峡之东，这实际上是王生的误记。其实，桃花寺是在遵化石门之西约十千米处。其地在蓟县境内，此处泉水清幽，环境美丽。清乾隆年间，桃花寺被辟为皇帝拜谒清东陵时驻跸的行宫。乾隆以后，清朝皇帝在谒东陵时，大多数时候都曾在这里驻跸。

“己巳”，即清太宗天聪三年，明朝末帝朱由检崇祯二年，公元 1629 年。清太宗皇太极为扫清入关障碍，在这一年率精兵十万，入袭明朝统治下的关内地区。十月二十日，在说服了持反对意见的大贝勒代善、莽古尔泰以后，二十四日后金兵到达老哈河，皇太极对各路兵马“各授以计，分兵前进”。众将率兵从喜峰口等各处突入关内。后金兵马连下马兰峪、汉儿庄、潘家口、洪山口等边城。也就是在这次进兵中，奔袭马兰峪的后金兵士，在从堡子店以北的大安口向马兰峪进发的路程中，发现了温泉这个地方。于是这些千里奔袭的大清兵将们，纷纷脱下征衣，跳入水中，在这里洗了一次畅快淋漓的汤泉浴，既洗去了仆仆征尘，也驱除了身体的疲劳。

泉水汤汤浴真龙

尽管遵化温泉被大清兵发现较早，但是真正被满族最高统治者开发和利用，却是在21年以后。

遵化汤泉受到清朝最高统治者青睐，始于清顺治七年。在这一年的《内国史院满文档案》中，有摄政王多尔衮从当年十一月十三日起到京东地方出猎的记叙。其文逐日记叙摄政王行踪。

顺治七年十一月“十三日，皇父摄政王身体欠安，居家烦闷，欲出口外野游”。这一次出游，多尔衮带上了清王朝绝大部分政治核心人物。其中有和硕郑亲王济尔哈朗、和硕巴图鲁亲王阿济格、和硕豫亲王多尼、巽亲王满达海、多罗承泽郡王硕塞、多罗端重郡王博洛、多罗谦郡王瓦克达，以及诸贝勒、贝子、公、固山额真等人。

这些人中，郑亲王济尔哈朗是清宣祖的孙子，清世祖福临继位之初，他与睿亲王多尔衮同时受封为辅政王，担负着辅佐幼年皇帝的重任。后来，虽在多尔衮的打击之下地位有所降低，但是他在朝中仍有着很大的影响。多尔衮带着他出行，有防止他借机揽权的意思。阿济格，太祖努尔哈赤第十二子，他是睿亲王的同母兄。太宗崇德元年封巴图鲁王，顺治元年封英亲王。他曾有意取代济尔哈朗为辅政叔王。多尼，睿亲王同母弟豫亲王多铎之子，袭父爵为豫亲王。巽亲王满达海，太祖孙，掌吏部事务。承泽郡王硕塞，太宗第五子，掌兵部、宗人府事务。博洛，太祖孙，顺治六年晋封亲王，七年为“理政三王”之一。瓦克达，太祖孙，顺治五年封郡王。

在这些随行的亲、郡王中，既有多尔衮的政敌，也有多尔衮在朝中的亲信重臣。睿亲王把他们带在身边，是为了处理政事方便，同时也是为了使自己虽然身在塞外，仍能控制朝政。

与睿亲王多尔衮一同出行的这些王公贵族们，自京师齐化门外出行。一路之上边走边行猎。

经过七日之后，十一月十八日，多尔衮一行到达遵化境内，当天住宿汤泉。这一天，摄政王还赏给郑亲王济尔哈朗、英亲王即巴图鲁王阿济格备有鞍辔的马各一匹，未备鞍辔的散马各一匹；赏满达海、多尼、博洛马匹各一。多尔衮所带领的这些王公贵族们，在汤泉沐浴之后，于

清初摄政王多尔衮

次日离开汤泉，“十九日，宿遵化。二十日，宿三屯营”。然而令人没有想到的是，多尔衮此一去，就再也没有能够回到京师。

顺治七年“十二月初五日，宿刘汉河。初七日，宿喀喇城。是日，皇父摄政王病重歇息。初九日，戊子，戌时，皇父摄政王猝崩”。(中国第一历史档案馆《清初内国史院满文档案译编》，光明日报出版社 1989 年版)

在顺治七年十一月随睿亲王多尔衮来遵化汤泉的众多王公贵族中，至少有一个人是旧地重游，他就是郑亲王济尔哈朗。

对于郑亲王济尔哈朗的上次入关，《清史稿·列传三·诸王二》这样记载：天聪“三年，略明锦州、宁远，焚其积聚。上(即清太宗皇太极)伐明，岳讬与济尔哈朗率右翼兵夜攻大安口，毁水门入，败马兰营援兵于城下。及旦，见明兵营山上，分兵授济尔哈朗击之，岳讬驻山下以待。复见明兵自遵化来援，顾济尔哈朗曰：‘我当击此。’五战皆捷”。

为了夺回大安口关隘，明军进行了五次冲锋。战斗之惨烈，于此可见一斑。(《清史稿》卷二百一十六)

经过一番鏖战之后，清兵奔袭到汤泉，他们要利用这里天然的热水，来洗去满身的征尘。

时过 21 年之后，济尔哈朗再次来到汤泉，不知他的心中做何感想!

清宫官方权威历史档案《清实录》中，对顺治七年摄政王的那一次出猎，却语焉不详。

《清世祖实录》中，这样记述摄政王多尔衮的出猎：顺治七年十一月“壬戌，摄政王以有疾不乐，率诸王、贝勒、贝子、公等及八旗固山额真、官兵猎于边外。”

顺治七年十二月戊子，摄政睿亲王多尔衮薨于喀喇城，年三十九。壬申，摄政王多尔衮讣闻，上震悼。诏臣民易服举丧。丙申，摄政王柩车至，上率诸贝勒、文武百官易缟服出，迎于东直门五里外。上亲奠爵，大恸。各官伏道左举哀。由东直门至玉河桥，四品以下各官俱于道旁跪哭，至王第。公主、福金以下及文武官命妇，俱缟服于大门内跪哭。是夜，诸王、贝勒以下及各官俱守丧。(《清世祖实录》卷五一)由于多尔衮的暴薨，福临才开始真正掌握了清王朝的最高权力。

据康熙年间遵化知州刘之琨所撰的《药王庙碑记》记载，清世祖福临于顺治七年也曾到过遵化，且为遵化城南十二余里的药王庙捐银一百

上图：清代喀喇河屯行宫图

下图：清军入关时所攻击的大安口长城　　　　李文惠/摄影

两。但是，这一记载却没有得到其他史料的支持。《清世祖实录》《清史稿·世祖本纪》和《清初内国史院满文档案译编》等官方史书，在同一时期均无相关记叙，刘之琨所撰碑文的真实性尚待考证。或许福临曾和睿亲王多尔衮一起于顺治七年来过遵化，而中途又返回京城去了，史家因有所忌讳而未予记录？抑或是其他原因而未记录？

据一些清史学家考证，睿亲王多尔衮曾有意在喀喇河屯另立一个政治中心，但因其暴死而未能实现他的这一政治愿望。顺治七年的出行，是否与此有关？他以出猎为名，挟持幼年的世祖途经遵化到喀喇河屯，以此帮助自己的目的顺利实现，也是有可能的。但世祖为何没有随其到达喀喇河屯，而又中途返回京师？则又是一个难以解开的谜团。

刘之琨身为遵化州知州，且撰碑时为康熙四十九年十月，距顺治七年十一月，也不过短短60年。并且，此事发生在本朝皇帝身上，作为本朝的地方官员，对这样重要的事件，是绝不敢草率妄言的，其记载是值得信赖的、可靠的。

总之，世祖福临在顺治七年确实是到了遵化，至于他这一次是否到了汤泉，则有待研究。

顺治八年十月，即多尔衮暴亡后不到一年的时间，清世祖福临再次驾临遵化，这一次他是携皇太后、皇后出行，其名义则是到京东地方行猎。对于此次行猎，《清世祖实录》中也没有记载。而清初内国史院的档案中，却逐日地进行了记载。中国第一历史档案馆《清初内国史院满文档案译编》一书中这样记道：

（顺治）八年十月十九日。上携皇太后、皇后行猎。……

初三日。驻跸热河。是日，上与皇太后、皇后幸福川（泉）寺庙，赐和尚义银四百二十两。赐观音殿和尚慧成银一百两。

初四日歇息。初五日歇息。初六日歇息。初七日，驻跸遵化。

十二月初一日，回銮，宿滦河。初二日，驻跸三屯营。初三日歇息。是日，上幸娘娘庙，赐京宗山（景忠山）北洞道士李寿孝银一百两。

初四日驻跸遵化。是日，赏娘娘庙和尚海寿银五百两，南洞之和尚伯三（别山）银一百两。

初五日，驻跸热河。初六日歇息。初七日，歇息。初八日歇息，初九日歇息。初十日歇息。十一日歇息。

顺治帝生母孝庄皇后

清顺治皇帝福临

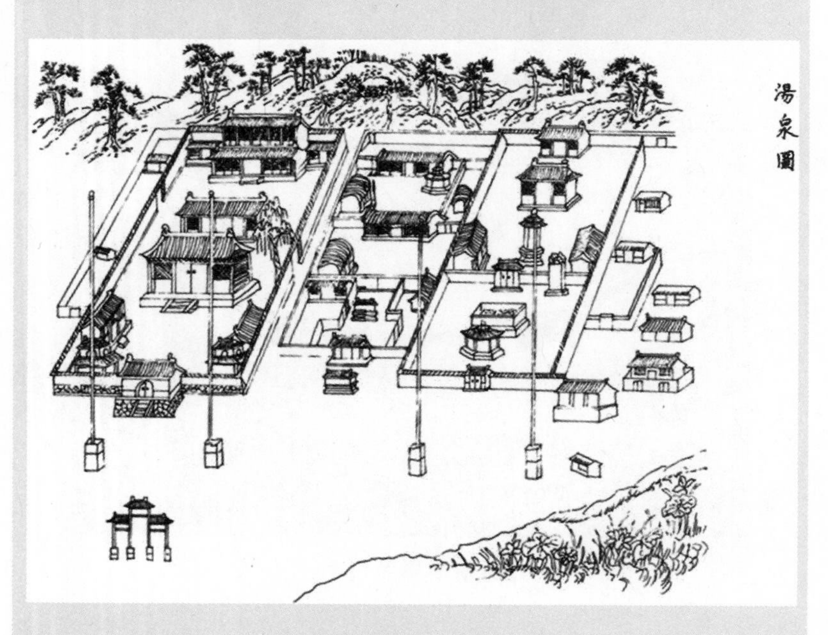

上图：清孝陵七孔桥，亦名“五音桥”

下图：清乾隆年间《昌瑞山万年统志》所画汤泉图

世祖福临这一次行猎，前后两次来到遵化汤泉。出行时，于顺治八年十一月三日到达热河（即汤泉），并在这里驻跸，至十一月初六日，共休沐四天。回銮时，于十二月初五日又来到了热河，歇息了七天。综计两次，清世祖福临和皇太后即孝庄文皇后博尔济吉特氏、皇后即后来废为静妃的博尔济吉特氏，共在遵化汤泉休沐了十一天。

清世祖福临这次到汤泉，除了打猎之外，还有一个更为重要的目的，即到马兰峪地方为自己选择身后的万年吉地。

通过精心踏勘，福临在遵化选择万年吉地的目的达到了。而他的万年吉地的选定，也为遵化汤泉的再次繁荣提供了又一次重要契机。

顺治十六年（公元1659年）十一月初九日，清世祖福临从京师出西红门校猎。二十二日再次到达遵化汤泉，在此处休沐五日，于二十六日驻跸遵化城。到滦州等处行猎九日之后，于十二月初六日再次来到汤泉洗浴，以解鞍马劳乏。(《清世祖实录》卷一三〇)

龙翔凤翥鼎湖东

康熙元年，遵化州知州周体观修纂张杰所撰的《遵化县志》时，写了一篇《汤泉记》:

县西北四十里北山之阳，有泉沸而出，虽寒冬如汤。《魏氏风土记》曰:“徐无城东有温汤，水出北蹊，即温源也。”史载，汉末田畴避兵徐无山中，归之者五千余家。畴为制婚姻嫁娶之礼，兴学校讲授之。北边翕然，未云城也。岁且久，失徐城故址，即求徐无山，山错错然，迷所是，唯斯泉在焉。万历五年戚大将军继光甃石池之，深二丈，方四寻，石栏出地者三尺，外缭石渠，俯以堂，曰九新。刻武宗宫人王氏诗。水东出，为之龙吻，泄不及犹南北溢出石栏，石渠受之。

未至泉数十步，气蟲蟲，声涛涛，若不可即。即之，静若鉴。探以指，辄不耐其灼而指色变。投钱池中，翻翻若小黄蝶百折而下。面背宛然，以熟生物，与炊者侯等也。昔有小卒，失而入，不一反侧，糜矣。

池水及渠，引分南北：南者支委于山塘，种荷塘中；北者穿渠散入浴所，有官亭、有民池，有女池，各落别焉。导而左小沼，沼阴一窦通寒水，浴者时启而剂泉之温。寒水者，亦泉也，去汤数武。

汤者，有石根若焦釜，出之，不及石则寒矣。泉前唐寺，贞观二年建，名福泉寺，人则呼汤泉寺。《物类志》:“东海有石，其名曰焦，海浪沃之，若熬鼎之受洒汗耳。”《山海经》:“尧时十日并出，使羿射九日，落为沃焦。”今釜者，其分块耶？《谈荟》云:“琼海之潮，东热如汤，西冷如雪。”《丹阳记》:“江乘之汤山，半温半冷，共出一壑。”东坡记所经温泉，而黄山者，上有石屋，底皆白沙，热不可以足。有人见砂片若桃花，间出泉中。西洋熊三拔《水法》曰:“汤泉硫之华，疾寒服硫，不如服汤泉。”王褒《汤泉铭》曰:“白矾上彻，丹砂下沉。”或曰:“下有硫黄，以为之根。”今泉微臭，硫也。而味正淡，其实地气温凉征变，相激而力结壤为之硫，泉为之汤，不根硫也，硫适会耳。

西国有山，发七十余泉，皆汤，国王试得其性、其味、其气，各所主治，标之，以教国人。不独硫也。苏门答剌国境布那山，其产皆硫，不闻其泉汤也。

又水火者，阴阳之气质。阴得质，阳得气，为泉而汤；阳得质，阴得气，为焰而凉。然水性非热，火性非凉。汤泉以贮器还凉。萧丘之凉，焰以燃物还热，质存气易，此可征矣。(明万历四十六年张杰纂、清康熙元年周体观修《遵化县志》卷一·方舆志)

可见在清初时，遵化汤泉已得到地方官员的重视。

清朝在汤泉之西的马兰峪地方起建世祖孝陵以后，遵化汤泉更为世人所瞩目，且成为帝后沐浴之所。

为了供奉帝、后沐浴，康熙皇帝在汤泉及其附近的鲇鱼池各建行宫一座。汤泉的行宫，供太皇太后使用，而鲇鱼池行宫，则供皇帝来汤泉时驻跸。

也许是顺治年间到汤泉洗浴给孝庄皇后留下了深刻的印象，所以从清圣祖康熙十一年起，圣祖的祖母孝庄文皇后先后 6 次到遵化汤泉沐浴，治疗皮肤病。受其影响，她的孙儿清圣祖玄烨一生，更是到遵化汤泉驻跸达数十次之多。

《清实录》和《康熙起居注》中，较为详细地记载了孝庄文皇后和清圣祖到遵化汤泉的情况。

关于太皇太后来遵化洗浴，《康熙起居注》做如下记载：康熙十一年一月二十三日巳时，清圣祖到太皇太后、皇太后宫问安时，太皇太后提到："我因为身体的疾病非常厉害，所以要到赤城温泉去疗疾，如果皇上也一同去的话，恐怕会耽误国家大事，皇上就不必去了。"

清圣祖是一个非常重视孝道的人，他上奏说："太皇太后驾幸温泉，臣若不随往奉侍，于心何安。于国家政事，已谕内阁，著间二日驰奏一次，不至有误。"当月二十四日辛未，太皇太后幸赤城温泉，在赤城汤泉经过 58 天的洗浴治疗，到三月二十二日，在清圣祖的扈从之下，太皇太后起驾回京。

康熙十一年八月二十日壬戌，太皇太后又以"圣躬违和"的理由，驾幸遵化温泉。路途中驻跸通州、三河县南、明月山等处行宫。在清圣祖的小心扶侍之下，二十五日太皇太后车驾将至温泉，清圣祖先驱马直到汤泉太皇太后行宫处，亲自看视宫人将行李铺设完毕，回启太皇太后，随行。巳时至温泉，皇帝于牌坊外下马，亲自扶掖着太皇太后辇至行宫。候太皇太后降辇入宫，才回到鲇鱼池城内行宫休息。

此次出巡，因太皇太后有懿旨，所以皇帝顺便到汤泉附近地方游览，以察民情。九月初五日，上诣太皇太后行宫问安毕，又到景忠山和滦河等地巡视，初七日再回鲇鱼池。

十月初三日甲辰卯时，上诣太皇太后行宫。辰时，奉太皇太后驾回京，驻跸明月山前。康熙十一年十月初四日，因中宫皇后赫舍里氏病势危重，太皇太后闻知心中挂念，遂命康熙先行回京。皇帝不敢违太皇太后慈旨，即刻起行。次日，回到皇宫，先问皇太后安，随后看望皇后病情。初七日，因皇后病痊，遂往迎太皇太后。至邦均地方迎见太皇太后。并奏知太皇太后，皇后病已痊愈。初八日，送太皇太后车辇至慈宁宫。

孝庄文皇后此次到遵化汤泉疗疾，仅在汤泉行宫，前后就历时 38 天，据孝庄文皇后自己说："我已痊愈。"可见此次坐汤沐浴，是十分有效果的。

这里就有一个问题：孝庄文皇后到底犯了什么病呢？《清实录》中对此没有记载。然而在清宫档案中，却说出了孝庄文皇后的真正病因，即她患了皮肤病，而泡汤是治疗皮肤病的有效方法。

上图：孝庄皇后昭西陵　　　李文惠/摄影
（《孝庄出浴》获河北“绿水青山”影展优秀奖）

下图：罗文峪口西侧长城　　李文惠/摄影

康熙十四年十月十二日，皇帝奉太皇太后到遵化州凤台山，即后来的昌瑞山。十五日已巳，驻跸温泉。此次只在汤泉驻跸一夜。

康熙十六年九月初十日，皇帝车驾往仁孝皇后（即孝诚仁皇后赫舍里氏）山陵。十三日到孝陵读祝文、行祭祀礼毕，车驾驻跸温泉。十四日车驾启行巡狩沿边内外。十月初一日回驾遵化，驻跸温泉。此后数日均驻跸于汤泉。初六日率大臣、侍卫到孝陵举哀，驻跸林河西。这次清圣祖共在汤泉驻跸 6 日。

康熙十七年九月初十日，仍是因太皇太后圣躬违和，皇帝奉太皇太后巡幸遵化温泉。此次巡幸，是当月十四日至温泉。与往常一样，皇帝仍在牌坊外下马，随太皇太后辇至行宫。安排妥太皇太后的宿处之后，皇帝即率领内大臣、侍卫、大学士、三品以上官员，到世祖皇帝的孝陵举哀。随后，皇帝又回銮驻跸在鲇鱼池城内行宫。

十月初三日，回京后的清圣祖车驾再次往温泉。初五日到达温泉后，不顾鞍马劳顿，康熙随即到太皇太后行宫问安，然后仍驻跸鲇鱼池城内。十月二十三日起，清圣祖出巡，驻跸四十里堡。次日即返回汤泉，到太皇太后行宫问安毕，再驻跸鲇鱼池城内。此后，每天到太皇太后行宫问安之后，即回鲇鱼池行宫。

十一月十九日，到太皇太后行宫，恭请太皇太后还京。

孝庄文皇后此次沐浴，在遵化汤泉共驻跸 69 天，是她一生中在汤泉休沐时间最长的一次。此间，清圣祖曾因大享太庙和冬至郊祀的原因两次回京，还有一次是借机到北边巡幸。其余大部分时间，都是在汤泉陪同祖母。

康熙二十年三月二十日，仍是因太皇太后圣躬违和，皇帝奉之幸遵化温泉。此次出行，因时间较为宽裕，清圣祖奏请太皇太后，沿途一路稍事游玩，所以往日只走三日的路程，这次用了八天。二十八日，驾至温泉。仍然和以前一样，皇帝小心翼翼地侍奉太皇太后到汤泉行宫，而自己依然驻跸于鲇鱼池行宫内。

这一次康熙陪同祖母来遵化，还有另外一个重要的任务，那就是安葬自己的爱弟纯靖亲王隆禧。隆禧是清圣祖同父异母的弟弟，生于顺治十七年四月二十二日。他的母亲是顺治帝庶妃钮氏。隆禧于康熙十三年封纯亲王，十八年薨，年仅二十岁。对于幼弟的早逝，清圣祖十分痛心。康熙二十年四月初二日申时，他亲临黄花山纯靖亲王灵柩前，三奠酒后放声痛哭。四月初五日，到太皇太后行宫问安，往北边巡猎。四月二十五日狩猎回来，至温泉太皇太后行宫问安，仍驻跸鲇鱼池城。二十九日随太皇太后还京。

清朝有一个制度，即每当朝廷中有大事，都要到先帝的陵寝上告祭。康熙二十年，为祸八年的三藩之乱终于平定。十一月十四日，云南大捷的捷报传至京师，其余各省的叛乱也被荡平。为此，清圣祖决定到父皇的孝陵行祭告礼。十八日早晨，上率皇太子胤礽、皇子保清及皇兄裕亲王福全、大臣、侍卫等人拜谒孝陵，读文大祭。十九日、二十日两日，均驻跸遵化州温泉。二十一日，出罗文峪巡猎。二十九日回銮后，仍驻跸遵化州汤泉。三十日返京。

类似的事情，还有康熙二十二年二十一日以平定海寇祭告孝陵并巡边，此次驻跸汤泉两次共三日。

康熙二十一年十月十九日谒孝陵，顺便巡边。其间二十三日驻跸汤泉一日。十一月初四日再至遵化汤泉，至初六日，共驻汤泉三日。自十月十九日出行，至十一月初七日返京师，共 49 天，清圣祖 4 次驻跸遵化汤泉，前后合计 5 天。

康熙二十五年十二月十八日以岁暮致祭孝陵。二十八日戊辰，上驻跸汤泉。二十九日上驻跸孙家庄西。

自康熙二十年以后，孝庄文皇后未再至遵化汤泉。可能是因为她已近七旬，经不起车马颠簸之苦，所以对她恋恋不舍的遵化汤泉，就再也没有来过。然而，此后即使是距京师较近的昌平汤泉，孝庄文皇后也不曾去过。

康熙二十六年十二月二十五日，孝庄文皇后于京师病逝，享年七十五岁。这位与遵化州陵寝和遵化汤泉有着不解之缘的老人，再也没有机会来到昌瑞山来看望儿孙和洗浴疗疾了。

孝庄文皇后崩逝之后，他的孙儿清圣祖又九次来到遵化汤泉。这九次分别是：

康熙二十七年四月初七日，孝庄文皇后梓宫由殡殿启行，清圣祖亲自送孝庄文皇后梓宫到遵化州昌瑞山下。自京城起，他随梓宫步行三里之外，方才乘马承随行。十四日，梓宫至孝陵南侧的大红门外，奉安于享殿，恸哭良久。十八日，清圣祖降旨："旧例奉安后，虽不居丧次，但关系甚大，朕不亲视封掩，遽行回京，可乎？王等既谆切奏请，朕当暂

残存的罗文峪长城　孙雪梅/摄影

离此处，移跸汤泉三四日，俟封掩后，朕亲阅毕，然后回京。”十九日卯时，将大行太皇太后梓宫奉安在享殿座位之上。这一天，清圣祖移跸驻遵化汤泉。二十一日癸亥，驻跸鲇鱼池行宫。二十二日早晨，自汤泉启行。到大行太皇太后梓宫奉安殿，视封掩梓宫完毕，恸哭。三奠酒，想到从此将不复见祖母慈颜，清圣祖悲哀至极，恸哭了很长时间，才依依不舍地从暂安奉殿大殿中出来。

因孝庄文皇后的周年忌日，需到东陵拜谒暂安奉殿，康熙二十七年十二月初六日，清圣祖出京。初九日至太皇太后暂安奉殿，在享殿中痛哭许久，奠酒。初十日在孝陵行礼举哀，又至皇后陵寝举哀后，驻跸汤泉。出巡十日后，于二十一日又驻跸汤泉。是日鲇鱼关把总张守奎来朝。从此日起，到二十四日均驻跸汤泉。

二十八年十月十一日自京城起行，送孝懿皇后梓宫。二十日葬孝懿皇后梓宫完毕，即移驾温泉。二十一日仍驻汤泉。二十九日，在出巡北边后，清圣祖回到遵化，由大安口入关，仍驻跸温泉。康熙三十九年十一月十七日，玄烨到暂安奉殿、孝陵、仁孝皇后陵奠酒之后，再次到汤泉驻跸。康熙四十三年二月三日至六日，因谒陵，玄烨在汤泉驻跸四天。四十四年十一月二十五日，因谒陵，再至遵化汤泉。十二月十日，巡边时玄烨又至遵化汤泉。四十五年十一月二十六日，以谒孝庄暂安奉殿及阅视仁孝皇后陵即后来的景陵，驻遵化汤泉一日。

康熙五十五年十一月，因拜谒暂安奉殿和孝陵，清圣祖于二十日再次驻跸汤泉。这是清圣祖最后一次到遵化汤泉。

康熙五十六年十一月初二日，因皇太后圣体违和，清圣祖到宁寿宫中问候。十六日，皇太后博尔济吉特氏病情加重，闻讯后皇帝十分着急，急忙到宁寿宫中向皇太后问安。此后直到十二月初五日皇太后病逝，这一个多月的时间内，皇帝昼夜操劳，以至于“圣体违和，头晕足痛，艰于动履”。但他仍亲到宁寿宫问安，并在东暖阁办事，导致病势加重。为此，诸王大臣上奏折劝说：“圣躬关系甚重，伏乞往汤泉调摄。”然而考虑到此时皇太后病情已经十分严重，所以清圣祖并未答应此事。

康熙五十七年四月二十三日，孝惠章皇后梓宫送往东陵。按照皇帝的想法，本要亲自送大行皇太后梓宫到孝东陵，并亲自看视梓宫下葬。然而因在大行皇太后患病之时，清圣祖昼夜忧劳，以至于头晕目眩，双足浮肿；而在大行皇太后丧礼中，皇帝苫块居丧于苍震门，使得病体更

孝惠章皇后像

加严重。因此，在孝惠章皇后梓宫启行去孝东陵时，清圣祖虽到梓宫前奠酒举哀，并于大路上跪送恸哭，直到送葬的龙輴车走出很长时间后，才在众皇子的劝说之下回到宫中，表示了他对孝惠章皇后崩逝由衷的悲伤之情。然而终于因身体的原因，清圣祖这一次未能驾临遵化汤泉。

按照以往的情形，清圣祖每次或因拜谒孝陵，或因出外巡边，或因陪同祖母，或因恭送太皇太后梓宫，或因亲送皇后梓宫，每次去遵化州，都要到汤泉休息调养。这一次如能亲自送孝惠章皇后梓宫到孝东陵，则必然要到遵化汤泉疗养，可是他最终却未能如愿。

康熙六十年，因要庆祝在位六十年，玄烨一再坚持要到遵化祭谒世祖章皇帝孝陵。当时朝中众臣认为，皇帝患有足疾，且因天气寒冷，不宜远行。为此，大家一致谏止玄烨谒陵之举。对此，玄烨却表示出了少见的固执。他说："朕前两次欲亲祭陵寝，皆因诸大臣劝阻未行，今犹自追悔。尔等劝朕不去，朕即不去。至三月时，诸臣若劝朕升殿行庆贺礼，朕亦借风寒不准所请，可也！"由于玄烨这样说，群臣才不得不停止劝谏。

康熙六十年二月初六日，玄烨启程往遵化州。十四日至，祭谒孝陵、孝东陵和昭西陵及仁孝皇后陵。当日驻跸马兰峪，十六日回銮驻跸马伸桥。(《清圣祖实录》卷二九一）这一次，清圣祖玄烨却未到遵化汤泉，其中原因不详。

贞珉千载留宸章

清孝庄文皇后一生 6 次到遵化汤泉，驻跸 147 天。前两次由其子清世祖福临陪同，后三次由她的孙子圣祖玄烨陪同。而她的孙子清圣祖一生到遵化汤泉 20 余次，前后在这里驻跸 115 天。

康熙六十一年十一月十三日，时年 69 岁的清圣祖崩逝于畅春园。从此以后，他再也没有机会到遵化汤泉来沐浴调养了。

清朝所编纂的书籍中，不少对遵化汤泉有所记载。清雍正年间所修的《畿辅通志》中，对遵化汤泉这样记载道："汤泉，在遵化州西北四十里福泉山下，宽平约半亩，泉水沸出，温可浴，旁引为浴池。本朝康熙年间圣祖每临幸焉。"（清雍正朝本《畿辅通志》卷二十一）

康熙以后各帝，均未曾见到有到遵化汤泉疗养的记载。但是，此后清朝皇帝，仍时而有人对遵化汤泉予以关注。

雍正三年，清世宗宪皇帝胤禛在展谒父亲的陵寝完毕回到师京后，亲自撰写、赐予汤泉福泉寺御制对联一副，其字为胤禛御笔亲书："林间禅室春深雪，溪上龙堂夜半云。"清世宗在雍正三年二月十二日和三月十一日清明节，曾前后两次拜谒东陵。他的这一副对联虽然不能确认是在哪一次谒陵时题赠，但是他为遵化汤泉题过对联一事，明白地记录在清朝马兰关总兵布兰泰所撰写的《昌瑞山万年统志》一书中，当无错讹。

清圣祖玄烨崩逝后，为了惩罚自己的同父同母弟、皇十四子允禵，清世宗胤禛于雍正元年四月初二日，降旨给诚亲王允祉："朕送皇考梓宫至陵寝，不忍遽去，欲留数日，以尽朕心，诸王大臣劝奏恳切，明日祭毕，朕将回銮。王暂留数日，将陵寝一应典礼酌定，著诸人俱照定例遵行。"同时，胤禛还下诏："贝子允禵，著留陵寝附近汤泉居住，俾于大祀时行礼尽心。"(《清世宗实录》卷六）

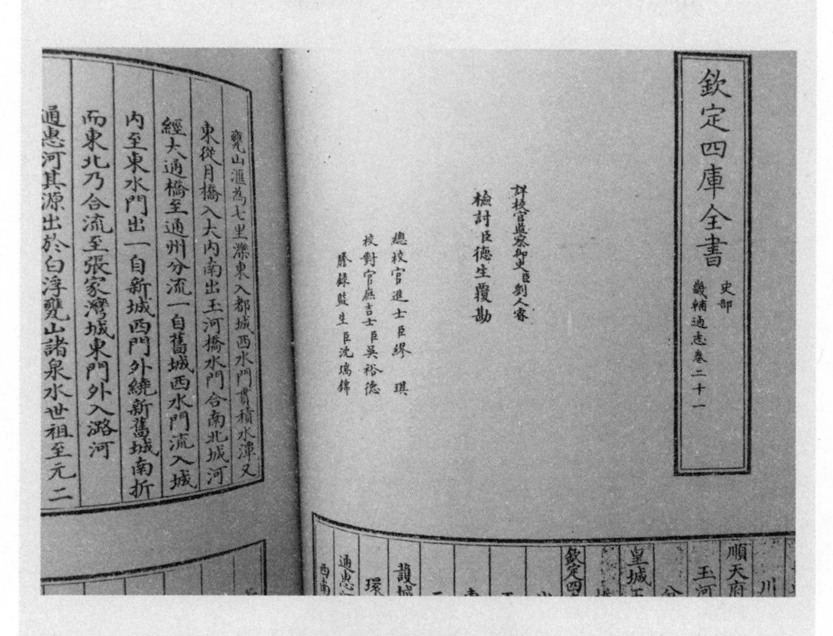

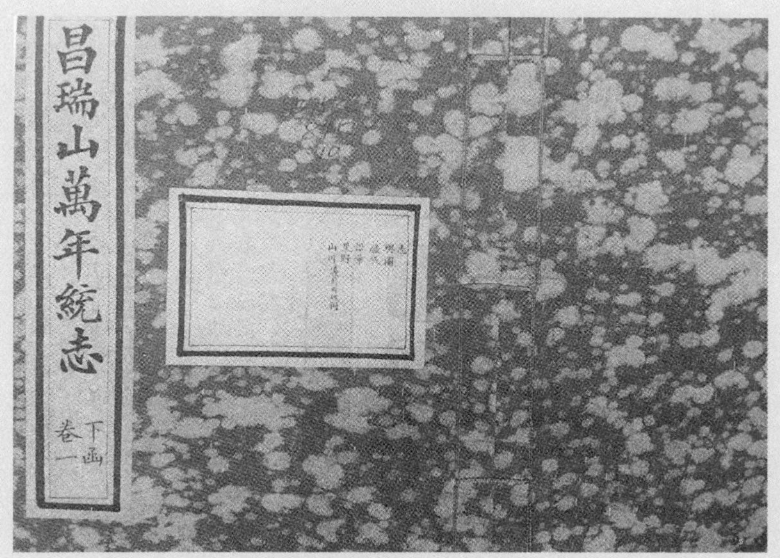

上图：雍正《畿辅通志》

下图：清《昌瑞山万年统志》

多罗恂郡王允禵

曾经囚禁过允禵的寿皇殿

允禵在汤泉，一住就是三年有余。在此期间，他仍然一再受到同母兄胤禛的打击。雍正四年三月十三日，宗人府参奏允禵，身为陵寝居住人员，在孝庄文皇后梓宫未抬入享殿时，就率儿子白起、广善离开，于礼不合，拟将允禵的贝子衔革去，又拟杖责白起和广善，此事虽经世宗宽免，但是在允禵的心中，不能不留下阴影。(《清世宗实录》卷四十一)

雍正四年五月初二日，因此前曾有蔡怀玺向汤泉允禵府中投书，企图推举允禵为皇帝。对于此事，允禵虽已经向皇帝举报，但是他却因此更加受到胤禛的疑忌。一时朝中的诸王大臣们纷纷上奏，对皇十四子允禵进行攻击："允禵身为大将军，毫不效力，止图利己营私，贪受银两。纵容属下骚扰地方，吓诈官员，固结党羽，心怀悖乱，请即正典刑，以彰国法。"为此，世宗又降旨把允禵从汤泉押回，置于京师寿皇殿禁锢。至此，允禵结束了在汤泉长达三年的圈禁，而被移送到皇宫附近的寿皇殿禁锢。

清光绪年间，为了给先皇同治帝修建陵址，醇亲王奕譞还到汤泉和鲇鱼关等地，留下了描写汤泉的诗歌。

上图：乾隆皇帝像

下图：醇亲王奕譞

从此以后，再未见到有清朝王公在遵化汤泉居住的记载。

清朝时，不但那些王公们可以到遵化汤泉进行洗浴休沐，朝中的权贵大臣们，也可以到这里来疗治疾病。清康熙三年（公元 1664 年）正月，清朝廷礼部拟定谒陵礼仪时，曾做出这样的规定：“若往孝陵石门，王以下，三品官员以上，应于享殿大门外行礼，开享殿大门，陵上礼部官员，同看守值班官员导引进谒，来时不必进谒。至往汤泉养疾者，诣陵进谒，应准行礼。”（《清圣祖实录》卷一一）在礼仪中专门注出王公及官员往汤泉养疾者准行谒陵礼仪，可见在康熙年间，朝中贵族来遵化汤泉治病疗疾之人必定很多，以至于朝廷需要对此做出相应的规定。在《清圣祖实录》中，还有辅政大臣们到汤泉住宿的记载。康熙六年七月十七日，在议定辅政大臣苏克萨哈之罪中，有这样一条：“苏克萨哈供，去坐汤时打炕，曾将无用之砖，用了是实，非系陵上所用等语。据原任郎中席特库供：陵上所用之砖，拿去茶房、厨房，并伊炕上用了是实。辅臣拿去，焉能禁阻等语。苏克萨哈身为辅臣，将陵上所用之砖，恣意取用，罪十二。”（《清圣祖实录》卷二三）苏克萨哈作为辅政大臣，可以到遵化汤泉进行洗浴，并在这里建有自己的房屋，想来其他三位辅政大臣索尼、遏必隆、鳌拜等人也应该在此建有私舍。

《高宗皇帝实录》中虽未有清高宗弘历到遵化汤泉沐浴的记载，但是他却于乾隆十八年写下了一首《御制恭依皇祖温泉行原韵》。

诗云：

小春风日温而清，离宫驻跸逸趣生。
沙汀石濑率含冻，暄波漱响偏铮铮。
嵩山仙池杳莫辨，建武别馆徒相争。
当年卷阿可仰躅，至今圣澡星云明。
方沼甃玉左复右，灵脉喷珠澄且泓。
曲沟引导达户户，中各向暖达南荣。
细流龙首初滴注，有如瑞露浮金茎。
砉然忽放屋池满，氤氲澹荡难为名。
济凉酌暖拟紫府，蒸霞吐雾疑赤城。
水仙骑鲤在白壁，呼之举手欣相迎。
蠲疴益寿有奇助，何必缥缈求壶瀛。

承欢家法同孝养，神仙此耳无侈情。
绎思来歌续元韵，幸当海宇方承平。
耽逸忘武夙所戒，塞山回望云中横。
留连胜处亦曷可？明当启跸旋皇京。
新丰绣岭是炯鉴，毋容易视温泉行。

这首《御制恭依皇祖温泉行原韵》，以及清圣祖御制诗《温泉行》，均载于《日下旧闻考》卷一百三十四京畿昌平州一条下。此书为清乾隆年间于敏中等人所修纂。而清康熙时所撰的《遵化州志》、乾隆时所写的《直隶遵化州志》、光绪朝编纂的《遵化通志》，以及同是清乾隆年间所撰的《昌瑞山万年统志》一书，全都明确地将清圣祖的《温泉行》一诗列入遵化汤泉条下，且在遵化汤泉总池之北立有圣祖御制诗石碑。清光绪年间所修纂的《遵化通志》卷十载，福泉寺行宫"圣祖屡临幸焉，有（康熙）十九年九月御题《温泉行》镌碑泉北"。按照这几种清朝时所写书籍的记载，清圣祖御制《温泉行》为其在驻跸遵化汤泉时所写，是确切无疑的。

乾隆十八年，清高宗虽未到遵化汤泉，但应是他在恭阅了遵化汤泉行宫碑上镌刻的清圣祖仁皇帝御制诗《温泉行》之后有感而发的。所以我们可以说，清高宗弘历的这首汤泉诗，即使不是为歌咏遵化汤泉而作，但仍与遵化汤泉有着无法割断的渊源。

清朝皇帝来遵化汤泉驻跸时的规模到底有多大，在史书中没有明确记载。但是从当时的一些文献中，还是可以看出一些蛛丝马迹。

康熙十七年十一月，因皇帝驻跸汤泉，当地百姓庄稼受到损害，清圣祖谕内阁学士噶尔图屯泰曰："遵化州所属有附近汤泉之娄子山、袁各庄、启新庄、梁家庄、石家庄。此五庄供办徭役，其一年地丁钱粮，俱令蠲免。如今岁已经征收，准于来岁蠲免。至鲇鱼关城内外居民七十一家，免其一年正供外，仍每户赐银二两。尔等从户部支取，亲阅分给。所蠲钱粮，令州官即遍谕娄子山等庄及鲇鱼关居民，务使均沾实惠。"圣祖皇帝驾至汤泉时，行迹所及，竟达汤泉附近五个村庄，其出动的人数之多，规模之大，是可以想见的。

上图：康熙皇帝出巡图

下图：《直隶遵化州志》中的汤泉浴日图

康熙二十年三月，上奉太皇太后幸遵化汤泉，出发之前，清圣祖曾告诫内大臣等人说："今当田禾发生之候，必须遵路而行。安营时，令于道途村庄沿途荒野驻扎，出入毋践田禾。现遣户部司官随后稽查，遇有驻扎处或出入之时蹂躏田禾者，严行议处。回銮时，仍从原路行，朕将亲察之。"

尽管如此，在行路时仍难免发生践踏庄稼之事。为此，康熙二十年四月五日，在清圣祖从遵化汤泉出发巡边打猎临行之前，"谕学士希福曰：'尔往遵化，谕知州郑侨生，鲇鱼池周围地亩不许蹂躏，虽屡经传旨严谕，未必全无蹂躏，着知州亲行细察，蹂躏地亩若干，应纳钱粮若干，详查明白，俟回日说与尔转奏。'"

经遵化知州郑侨生详查，在圣祖行猎回来之后，二十六日早，学士希福向皇帝奏报："遵化知州郑侨生向臣称，查得鲇鱼池周围田共五顷二十亩有余，其中被蹂践田地共八十九亩，温泉田地一顷六十八亩，其中被蹂践田地共二十九亩，二处田地所征税银共二十三两七钱，二处人丁共三十名，所征税银五两零。"上曰："鲇鱼关温泉，郭家庄两处蹂践田地虽不为多，其地丁钱粮照所查之数俱着蠲免。"

这一次蹂践田地总计竟达 118 亩，与康熙十七年相比，可见此次出行的规模更大。

在汤泉留下的众多诗歌中，其作者基本上都来过遵化汤泉。但是有一位作者，却是一个特例。他虽然没有来到这里，却有诗镌刻在汤泉诗廊内。他就是牛钮。这究竟是什么原因呢？

清康熙二十年三月，皇上借参拜孝陵的机会，命随行的众多大臣到遵化汤泉洗浴，并赋诗吟咏福泉胜景。据随行的詹事府詹事高士奇所著《松亭行纪》一书记载，当时陪驾到汤泉的大臣，有大学士明珠、李霨、尚书梁清标、吴正治、魏象枢、朱之弼、王熙、左都御史徐元文、侍郎杨永宁、李天馥、项景襄、杜臻、翰林院学士张英、侍讲学士张玉书、詹事沈荃、王飏昌、蒋弘道、通政使司通政王盛唐、大理寺卿张云翼、太常寺卿崔澄、编修杜讷、詹事府詹事高士奇等，共 22 人。在这些人中，除王飏昌、王盛唐、崔澄三人外，其他人都有诗唱和。这些诗，在清乾隆年间成书的《直隶遵化州志》和《昌瑞山万年统志》中有记载。但令人奇怪的是，两书中还记有牛钮《赐观汤泉应制四律》，其实牛钮当时并没有来到遵化汤泉现场。

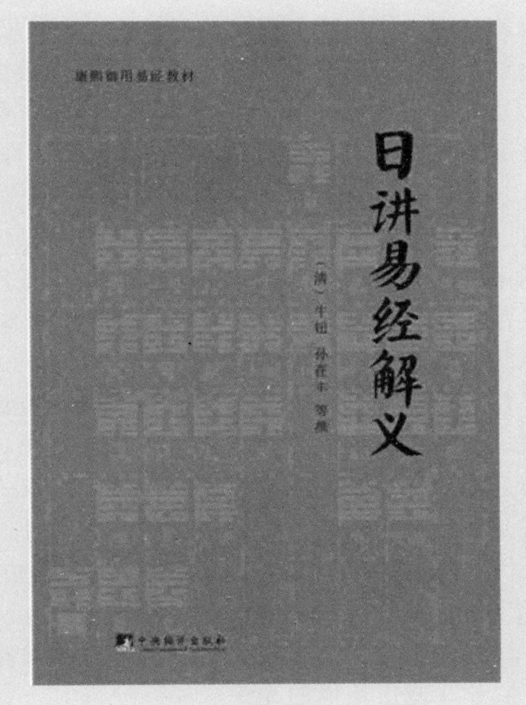

上图：出使朝鲜图

下图：牛钮著《日讲易经解义》

那么牛钮为什么没有到现场呢？原来，当皇帝率领群臣驾幸马兰峪观汤泉，并命大臣赋诗时，牛钮已于清康熙二十年二月出使朝鲜，所以没能够亲临遵化汤泉。等牛钮出使朝鲜归来，皇帝又命他补作《汤泉应制》诗，并与群臣所作诗一同镌刻于汤泉所在地石碑之上。

在皇权时代，能够亲临皇帝组织的盛会并赋诗，被人们认为是极大的荣幸。当时没能亲临汤泉写诗的朝中重臣很多，并且一些大臣虽然也陪同皇帝来到汤泉，却并没有写诗。为什么牛钮没到场，皇帝却让他后补赋诗呢？原来这和他的经历有关。

据与牛钮同时的徐乾学所撰《资政大夫、经筵讲官、内阁学士兼礼部侍郎牛公墓志铭》记载：牛钮，字枢臣，赫舍里氏，是清代满族人中的第一位进士。生于顺治五年（公元 1648 年），卒于康熙二十五年（公元 1686 年），享年 39 岁。

牛钮幼年聪颖好学，经常读书至半夜不知休息，父母心疼加以制止，他就阖上书卷熄灯默诵。因为学习刻苦，学问大增。康熙八年参加顺天府乡试，次年中进士，选庶吉士。先后任《太宗实录》纂修官。十三年正月，升任日讲起居注官。十八年五月，殿试考第一，即日除侍讲学士，六月转侍读学士。满汉文字在互译时，由于翻译者水平所限，往往与原文本义不相符合，并且达不到语言优雅流畅。牛钮在做满汉文翻译时便认真研究，力求融会贯通。二十年二月，任出使朝鲜正使。次年二月进翰林院詹事，五月任掌院学士，兼礼部侍郎。六月充《鉴古辑略》总裁，又充《明史》总裁。

牛钮是第一位考中进士的满族人，并且汉族文化造诣极深。为了鼓励满族人学习儒家文化，康熙皇帝对这第一位满族进士，自然要另眼相看。而康熙皇帝之所以如此看重牛钮，其中也不乏向汉人炫耀之意；还有一个原因，就是牛钮是出使朝鲜的正使。

由于以上原因，康熙皇帝才在遵化汤泉盛会上给这位远在千里之外、出使朝鲜的使者牛钮一个千古留名的机会。

在漫长的中国封建社会中，遵化汤泉在初期并未显露出其魅力，直到唐、辽以后，它才显露出灿烂的光辉。

明朝时的遵化汤泉，既有两位皇帝的临幸，又有蓟辽总督、兵部侍郎、顺天巡抚等高官光临，平时还有副将、参将、游击以及普通的士兵来此沐浴疗疾。最多时有十余万兵将来此列阵阅视，此时的汤泉，可说是荣耀一时。

而到了清朝，遵化汤泉更成为最高统治者的一个休憩疗疾之地，成为他们生活中不可或缺的一个重要部分。

到明、清两代，遵化汤泉以其独特的魅力，更放射出异彩，显示出它迷人的妩媚。

二、明清时期的遵化汤泉建筑群

遵化汤泉以其天然所生、汩汩而出的热水，为人们提供了休闲、娱乐、疗疾、养生的场所。历史上，这里曾经兴建有众多各式建筑，供人们在此休沐、游乐。

遵化汤泉的建筑物，据说在唐朝和辽代就已经开始兴修。关于这一时期汤泉的建筑的记载，有许多是出于稗官史书，目前尚无实据可证明其确实存在过。而且因为年代久远，这里已经无有一石一瓦作为在那一时期这里曾经有建筑物存在的证明。

有正史记载的，是这里曾经修建过一条堤坝。清朝光绪年间所修的《遵化通志》中这样写道："汤泉堤，州西北四十里，范水分渠，种藕植稻，皆早于他所。嗣堤失修，田陇就湮。"遵化目前有较为明确记载的堤坝，是城东的蜈蚣坝，同书称此坝约建于元、明时期。如此，则汤泉堤的建造时间，当是在元、明以前。除了汤泉堤外，其他能够在史书和文化遗存中查找到确凿证据的，也就是明、清两代的建筑物了。

对于明、清时期汤泉的相当一部分建筑物，我们还能够从当时人留下的一些文字和简单的示意草图中，窥见一些可能并非十分完整的面貌。当然，目前还有一些明、清时期的文物散落于民间，如果能够将它们收集起来，将成为研究汤泉历史可靠的实物证据。

当然，还有一些关于汤泉古代建筑的记载，散见于各类记叙书籍和文章之中，这需要我们下大力气进行稽古钩沉。而那些流失在民间的文物，则更有赖于我们投入大量的资金和精力，对其进行搜集和整理，以期从中获得宝贵的文物信息。

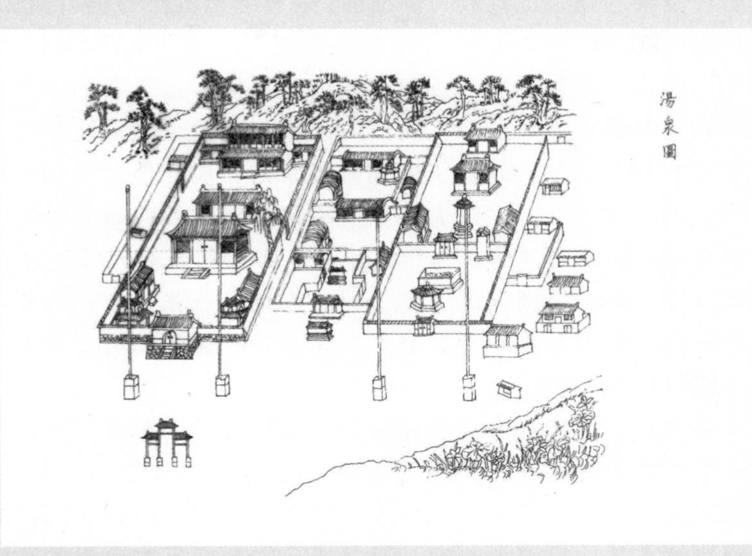

上图：清光绪年间汤泉图

下图：白马驮经图（局部）

对明代汤泉的建筑记载较为详细的，是戚继光所作的《蓟门汤泉记》。这篇文章除收入《止止堂集》，还刻在汤泉总池北侧的六棱石幢上，石幢上还摹刻有经戚继光修缮后的汤泉建筑的分布图，这是我们今天研究明朝遵化汤泉建筑最可靠、最翔实的资料。入清以后，最高统治者又对汤泉进行了一些改造，部分改变了明朝时汤泉的布局。但是清朝时期对遵化汤泉建筑的这些改变，也没有留下文字资料可供我们研究时参考。清乾隆时期任遵化知州的傅修，曾经编纂过一部《直隶遵化州志》，其中有一张描画清朝时期汤泉建筑的草图。但它仅仅是一张示意性的草图，只能供我们研究时参考。今天，我们只有靠披沙拣金的功夫，来追寻历史上汤泉建筑的真实面貌。

到目前为止，历史上汤泉的建筑，大部分已经无踪迹可寻。但是从现存的文字和画图的史料来看，在明朝时候，这里的建筑主要包括寺院、石幢、汤泉总池、六角杯亭和碑林等。其建筑布局如何，我们仅能从戚继光所撰写的《葺汤泉碑记》中，追寻出其大概情况。至于各座建筑物的形式、室内的布置等具体的问题，则有待于在对汤泉遗址进行发掘与清理时，才能得到进一步的考证与研究。

清朝初期，汤泉原有建筑物，除了福泉寺之外，基本上都被清朝统治者根据自己的需要，在较大程度上进行了改造。其中最为明显的，就是在福泉寺和观音殿两寺之间增建了汤泉行宫。而在当时，为了方便休沐治疗，太皇太后和皇帝是分开来居住的，所以清朝又在距汤泉行宫约五里之外的鲇鱼池修建了行宫，以备清圣祖玄烨驾幸汤泉时休憩之用。

1．福泉寺

环泉碑刻证兴衰

佛教自东汉初期，从印度传入中国。由于它在一定程度上满足了人们精神生活的需要，同时也适应了统治者从精神上统治广大人民群众的需求，所以它在中国大地上迅速地传播开来。

自汉代以后，各朝的统治者除了用儒家学说来统治人民之外，还在不同的时期，适应不同的形势，不断地变换统治手法，以束缚人们的思想。他们或以儒教、或用道教、或靠佛教来对人民进行统治，均收到了一定的效果。在这种情况之下，佛教终于在中华大地上兴盛起来。客观上的需求，促进了佛教影响在中国的迅速扩大。而佛教自身也不断调整自己的思想体系，以适应中国化的需要。

佛教在其自身发展过程中，对源远流长的中华文化也产生了重大影响。在将近 1600 年的漫长历史过程中，佛教与我国的传统思想、民俗、民风相结合，完成了佛教中国化的进程。同时，它在文化、艺术、绘画、雕塑、医学、音乐、建筑等各个方面，都极大地丰富了我国传统文化的内容。东汉明帝刘庄时，“天竺僧摄摩腾、竺法兰自西域以白马驮经至洛，舍于鸿胪寺”。后来在这里建立了白马寺，以接待外来的佛教徒。从此以后，遂以寺为佛教庙宇的名称。宋朝人赵彦卫在《云麓漫钞》卷六中说：“汉明帝梦金人，而摩腾、竺法始以白马驮经入中国，明帝处之鸿胪寺。后造白马寺居之，取鸿胪寺之义。隋曰道场，唐曰寺，本朝则大曰寺，次曰院。”自东汉王朝在都城洛阳建立白马寺以后，佛教寺院逐渐遍及神州大地。在我国辽阔的土地上，是凡名山胜景，均有色彩绚烂、气氛庄严肃穆的佛教建筑装点其间。故民间有“天下名山僧占尽”之说。

遵化汤泉所在的福泉山，也以其特殊的魅力吸引了佛教信众的目光。早在唐太宗贞观二年，就有一些佛教信众在这里建起了“汤泉寺”。清光绪《遵化通志》卷十四这样记载道：“福泉寺在州西北四十里，即汤泉寺，唐贞观二年建。”明武宗正德年间，陈瑗在《敕赐福泉禅寺碑记》中这样说道：“前代宗师，因泉而建立寺业。”可见福泉寺的建立，与天然汤泉有着十分密切的关系。

从唐朝到宋、辽、元等各个时期，关于遵化汤泉寺的情况，史籍阙载。想来在唐代奉佛和辽国崇信佛教之风影响下，汤泉寺应该不会破败无人居住。其所以默默无闻于世，当是其时碑铭镌刻等物证资料因战乱而失落，也就是因为战乱，当时人们也才无暇来记载寺院之事。

关于汤泉的兴衰，戚继光在其《蓟门汤泉记》中说道：“余弱冠时部戍过之，环堵所刻如林。迨总镇之初再至，求其片石而不得，或以授梓无有也。”

戚继光卒于明万历十五年（公元 1587 年），时年 60 岁。他到蓟镇任总兵时，为明穆宗朱载垕隆庆二年（公元 1568 年），时年 41 岁。古人以年将 20 为弱冠。以此来推算，则戚继光第一次来汤泉时，应是在此前 20 年，即世宗嘉靖二十七年（公元 1548 年）左右。查戚继光所著《止止堂集》中，有《辛亥年戍边有感》一诗。其诗云："结束远从征，辞家已百程。欲疲东海骑，渐老朔方兵。井邑财应竭，藩篱势未成。每经霜露候，报国眼常明。"辛亥年，即明世宗嘉靖三十年，公元 1551 年。而《戚少保年谱耆编》一书，将此诗系于嘉靖二十八年（公元 1549 年）正月下。由此可见，关于戚继光于嘉靖二十七年左右来北方戍边的推算，是准确的。

从戚继光青年时戍边，到中年再到蓟镇任职的这 20 年间，明朝疆域内虽然发生过嘉靖二十九年（公元 1550 年）的"庚戌之变"，即蒙古俺答汗于当年的八月纠集所部入犯京师，薄近都城之事，但此时的明朝北部边境，基本上还是处于承平时期。

处于和平年代的明朝中期，遵化汤泉碑林经过仅仅 20 余年的光景，尚且荡然无存。何况在唐、五代、宋、辽，以至元末漫长历史时期内，经历了难以计数的战乱，保存在这里的各种碑碣，更加无法避免其被人毁坏的命运。

明朝中期以后，尤其是经过戚继光的整葺，汤泉的石刻又日益增加。到清初时，这里仍然遗留有大量的碑刻。康熙二十年春，随从清圣祖来遵化汤泉的高士奇在其所著《松亭行纪》一书中记载了自己的所见所闻。

他写道："四壁刻唐顺之、汪道昆、周天球诗，最后一小石刻明武宗宫人王氏诗。"而此次康熙皇帝的巡幸，又留下了大量诗赋。除康熙皇帝的诗外，还有明珠、梁清标、吴正治、魏象枢、朱之弼、王熙、徐元文等 20 余位大臣所作诗赋。这些诗赋，据高士奇所记，"勒石以垂不朽"。可惜这些珍贵的历史雕刻，经过世事变迁，也都全部荡然无存了。

从汤泉碑刻的遭遇中，我们也可以窥见汤泉建筑本身，也会随着社会治乱而有盛有衰。窥一斑以见全豹，我们至今没有发现关于这些时期遵化汤泉寺的修缮和住持僧等情况的记载，也就不足为怪了。

上图：明嘉靖“庚戌之变”

下图：高士奇书法

上图：清朝文学家徐元文像

下图：明太祖朱元璋像

2．明朝对福泉寺的重修

明朝建立以后，为了维护自己的封建统治，明太祖朱元璋除了利用暴力手段统治人民以外，还利用各种思想工具来束缚人们的思想。除以儒教为纲外，他还借助道教、佛教为他的王朝服务。为了更好地利用佛教这一工具，明朝在中央政府设僧录司，置左、右善世二人，职正六品；左、右阐教二人，职从六品；左、右讲经二人，职正八品；左、右觉义二人，职从八品。（《明史》卷七十四·职官志三）在各府设僧纲司，置都纲一人，职从九品；副都纲一人。各州设僧正司，置僧正一人。各县设僧会司，置僧会一人。不仅如此，明朝皇帝还给了僧纲司等衙门以很大的权力。当时的朝廷明文规定："在京、在外僧道衙门，专一简束僧道，务要恪守戒律，阐扬教法。如有违犯清规，不守戒律及自相争讼者，听从究治，有司不许干预。"（《释氏稽古略续集》）

在明朝廷的政策扶持下，明初佛教得以兴盛起来。遵化汤泉寺也因此而得以再次香火旺盛。

明成祖永乐年间（1403—1424），对于遵化汤泉寺，"有镇总戎重整、陈公景先监造"。永乐年间修造汤泉寺的总兵是哪一位，我们已经不得而知了。但是监造汤泉寺的陈景先，从《遵化通志》等地方志书中，约略可以知道他的事迹：陈景先，遵化县人，时任东胜右卫指挥使，因捍卫边疆饶有勇略，死后被附祀于乡贤祠中。

明宪宗改元"成化"之初，在汤泉寺住持僧人静通的请求之下，明宪宗朱见深遂赐汤泉寺名为"福泉"。

为什么要将汤泉寺改名为"福泉"？我们从明朝时河南太康人陈瑗撰写的《敕赐福泉禅寺碑记》中，可以找到其中的原因。

在这篇碑文中，陈瑗这样写道：这里之所以被称为福泉，就是要让寺院内的众僧人虔诚修行，谨慎焚香修戒，以此来祈祷我皇上寿命亿万斯年，和这眼泉水一样源远流长，历时悠久；又能与这眼泉水一样，涤除尘世间的污垢、祛除天下百姓的一切病痛，从而能够普济万民，并且源源不断。这其中不乏阿谀奉承之说，但是也从一个侧面证明，福泉寺的改名，也有颂扬明宪宗皇帝朱见深，祝颂明朝国祚亿万斯年的意义在内。

上图：明宪宗元宵行乐图

下图：明孝宗朱祐樘像

明孝宗朱祐樘弘治十八年（公元 1505 年），因修建年代久远，又受到风雨侵害，汤泉寺院殿宇破败，佛像金面上的鎏金脱落剥蚀，房梁上的丹青彩画也斑驳脱落，致使寺院中的佛像都无处安置。于是当时的住持僧道聚、会首悟来，与施主程恭等人在一起商议重修寺院之事。大家“慨然以复修为己任”。寺中的僧人和那些施主们下定决心修庙，他们有的向众人募款，有的捐献出自己的资财。用这些钱来聘请工匠，准备施工的材料。在众人的齐心努力之下，才将福泉寺的殿宇等各种建筑物依次修建完成。这次重修福泉寺，由于人人尽心尽力，寺院真正做到了“材极其坚，工尽其技。楹梁栋宇，鼎然聿新”。福泉寺的这一次修缮，前后历时三年，从明孝宗弘治十八年兴工起，到明武宗正德二年（公元 1507 年）秋季方始完成。

重修后的福泉寺，据陈瑗的碑文记载，其建筑物主要有：大觉圣尊天王殿、地藏伽蓝堂、钟楼、碑亭、大雄宝殿、浴池、僧舍、厨房、库房等。寺院的周围，还有红墙围绕。

明神宗朱翊钧万历五年，戚继光时正任都督同知总理蓟州、昌平、保定三镇练兵事务。初到任之时，戚继光见到福泉寺的寺院破败，僧人难以居住，遂于 10 年后命兵士对福泉寺进行重修。关于此次重修，在地方志书中也只是简单地提了一句，至于整个过程和修建了哪些建筑物，我们仍然无法知道其详细情况。

陈景先监修汤泉寺，其规模形制，均已不详。对于弘治年间所修造的福泉寺，也只知一二。而戚继光在明万历年间对福泉寺所做的修缮，古籍中对其建筑规模，更是无一语提及。

以上各次维修福泉寺的详细情况，从史籍和实物上，目前均无法考证。但是既然古人曾经在这里有所兴作，则必然会留下痕迹，供后人研究考证。这些都有待于以后时机成熟时，对福泉寺和汤泉各类建筑物的遗址进行发掘，从而才可以为我们对它们进行深入细致的考证研究提供佐证。

明朝成祖永乐、宣宗宣德时期，汤泉寺中居住的僧人有致敬、洪兴等人；到宪宗成化时，住持僧人为静通；而孝宗弘治十八年前后，则有道聚、悟来等僧人在寺院中住持、居住。据《敕赐福泉禅寺碑记》中所说，这一时期，汤泉福泉寺“有僧数众，田百余亩，足以供寺之需矣”。虽然寺内的僧人不多，但是由于此寺在汤泉附近，来此洗浴的人仍是络绎不绝。由此，福泉寺的香客也是源源不断。

曹学佺行书书法

在这些到过遵化汤泉的人中，不但有位居九五的帝王，如明宣宗朱瞻基和明武宗朱厚照；而且有后妃、宫嫔，如武宗的宫嫔王氏；此外，还有一些文人雅士，如明后期的著名戏剧作家王衡、著名散文作家宋懋澄等；以及不少的猛将武夫，如宋懋澄《游汤泉记》中所提到的马兰关参将；另外更多的是大量的平民百姓。

明万历二十七年，曹学佺游京东，作《蓟门游记》，除写游历盘山，还叙述了游览汤泉的经历。并作诗《福泉寺书与穑上人》："蜀僧出世在空门，心迹超然离垢氛。欲问安禅最幽处，一潭秋月半山云。"

曹学佺，字能始，福建侯官人。明万历二十三年（公元 1595 年）乙未科进士。官至四川按察使。著《野史纪略》一书，揭露明末梃击案真相。天启六年秋，曹学佺迁陕西副使未赴任时，被魏忠贤党羽弹劾，诬陷其"私撰野史，淆乱国章"。遂将曹学佺革职，并毁掉该书的雕板。崇祯初，起用为文本按察司副使，不就职。明唐王朱聿键称帝，曹学佺被任命为礼部尚书。清顺治三年（公元 1646 年）八月，唐王朱聿键与其妃曾氏俱被清兵俘获。妃曾氏在九泷投于水而死，朱聿键死于福州。闻讯后，给事中熊纬、尚书曹学佺、通政使马思礼等人在山中自缢而死。清乾隆四十一年赐谥诸臣，曹学佺被谥为"忠节"。曹学佺生平诗文甚多，总名为《石仓集》。

福泉寺的这种高官往来、车水马龙的状况，一直持续到明末。这一时期的福泉寺，称得上是灯火相继、兴盛不绝。

清初皇帝再垂青

入清以后，福泉寺再一次受到最高统治者的青睐。

清朝的统治者在入关以后，不但利用儒家的学说来作为他们的统治思想，还并用道家、佛家的理论为其政治服务。尤其是清世祖福临，他自己甚至沉溺于佛教学说之中而不能自拔。

清世祖福临最晚从顺治八年起即已对佛教的禅宗十分沉迷。他曾于顺治八年十二月来到京东的景忠山。年轻的福临，与在景忠山南坡山洞内静修的僧人别山禅师，进行了长达数个时辰的交谈。经过倾谈之后，福临对这位高僧佩服得五体投地。次年，他又将别山禅师请入京城，并在西苑地方为他单独开辟禅室，供其静修。福临的这个行动，开了清朝在皇宫内召佛教徒修行的先河。别山禅师在京期间，世祖福临还多次亲自到禅室中，与别山禅师进行交谈。

通过接触，福临对别山禅师的学问和为人十分景仰。为此，他还亲自赐予别山法师“慧善普应禅师”的名号，并坚留别山法师在京长驻修行。

关于这件事，在清初的档案和景忠山南天门墙壁上的碑刻中，均有记载。

顺治八年十一月至十二月，清世祖福临出行京东，他的这次出行，可以说是有三个目的。一是到马兰峪地方选定自己身后的万年吉地；二是欲至遵化汤泉进行洗浴；三是到遵化境内的景忠山参拜在这里修行达九年之久的别山法师。在清初内国史院满文档案中，是这样记载清世祖福临的这次出行的：清顺治八年底，清世祖福临奉皇太后博尔济吉特氏和皇后博尔济吉特氏从京师出行，到京东地方行猎。十一月“初三日。驻跸热河。是日，上与皇太后、皇后幸福川寺庙，赐和尚义银四百二十两。赐观音殿和尚慧成银一百两。初四日歇息。初五日歇息。初六日歇息”。（中国第一历史档案馆《清初内国史院满文档案译编》，光明日报出版社 1989 年版）

文中所说的“热河”，即是遵化汤泉。因在此前后所驻跸的地方，如别山、侯家山、马新桥，在今天津市蓟县境内，遵化为今遵化城区，均与遵化汤泉相去不远。该档案中所记载的热河，为遵化汤泉无疑。“福川寺”即为福泉寺。清初的福泉寺，其建筑物布局当是基本沿袭明朝。此后即使有所更动，当不会有大的变化。

笔者曾与该书的编译者中国第一历史档案馆郭美兰女士就此书译文的有关事情进行过探讨。郭女士对此做出这样的解释：“热河”为满文中“汤泉”的意译，而“川”字在满语中与“泉”字发音相近，则“川”字为“泉”字的音译。如此，“热河”为“汤泉”，“福川寺”即为“福泉寺”，皆是毫无疑义的。

清初内国史院所存的满文档案，也证明了在顺治年间，遵化汤泉的福泉寺建筑物尚存，最起码是主体部分建筑物完好。满文档案中还说明了这样一个事实，即当时住在福泉寺中的僧人的法号为“义”，住在观音殿中的是法号为“慧成”的僧人。这些内容，都是在其他史料中不曾记载的。而当时清世祖福临所赐之银，共计 520 两，应当是被寺僧用于福泉寺和观音院两座寺院的维修。

景忠山寺院　李文惠/摄影

关于这一点，我们从遵化境内一统现存的石碑中可以找到相关的佐证。清圣祖在位期间，遵化知州刘之琨曾于康熙四十九年十月撰写了一篇《药王庙碑记》。其中有这样一段记述，可以作为笔者这个猜测的一个证明："顺治七年岁庚寅，世祖章皇帝即位之□，舆东巡驻跸于此，游览之余，见其庙貌孤□，颜曰药王。规模既已湫隘，其势将就倾圮。遂御赐币金百两，诏谕住持僧性宝并居民周玠、麻延成等，敕建大殿三楹，扩而辟之，遂□大观。"清世祖驾幸药王庙，赐银百两作为寺院住持修缮庙宇之资，则此次临幸遵化汤泉所赐的 500 余两白银，自然也应该是被用于修缮福泉寺和观音殿这两座寺院，这是没有疑义的。

清康熙年间，遵化马兰峪地区建起了清世祖的孝陵。为了谒陵的需要，圣祖玄烨在这里建起了皇家御用的行宫。而福泉寺也就相应地受到了皇家的重视。但是此后关于福泉寺的维修，在史籍中却很少见到相关的文字记载。想来应该是在兴建行宫之时，顺便对福泉寺进行了修缮，也未可知。但是不管怎么说，从清朝入关到清圣祖驾崩的近百年时间内，从未见过有关修复福泉寺的文字记叙，这不能不让人怀疑是当时治史者之失记。

嵌有顺治帝诏书的景忠山南天门　　李文惠/摄影

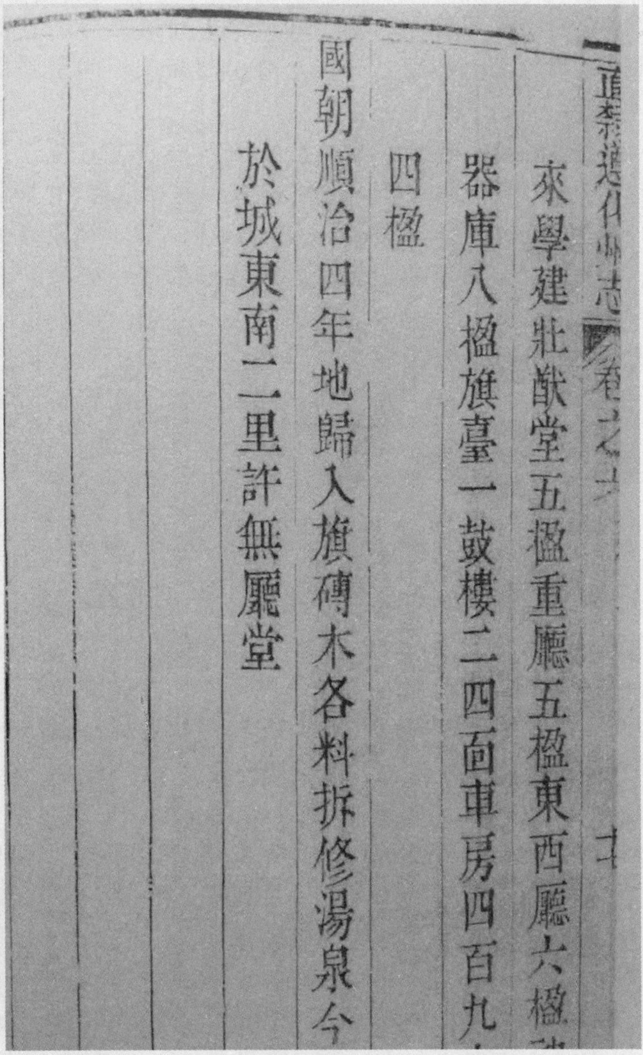

直隸遵化州志 卷之六

來學建壯猷堂五楹重廳五楹東西廳六楹

器庫八楹旗臺一鼓樓二四面車房四百九

四楹

國朝順治四年地歸入旗磚木各料拆修湯泉今

於城東南二里許無廳堂

《直隶遵化州志》记载清初拆教场建筑建汤泉

清朝时期对福泉寺的修缮，地方志书中的记载迄今未能见到。在今天汤泉乡政府东南面的一处浴池外面，还保留着一统镌刻于清仁宗嘉庆时的石碑，碑文记载了嘉庆年间一次维修福泉寺的事情。由于此碑长期被作为某建筑物的踏脚石使用，碑上的文字有将近五分之二以上字迹模糊不清。但是，我们仍然能够从碑石上看出清嘉庆年间重修福泉寺过程的大概。

福泉寺的这次维修，从清仁宗嘉庆十五年三月十五日开始，经过四个半月的时间，将寺院修缮完毕。维修完成后的福泉寺，“规制宏丽，丹雘焕发，为胜口之壮观”。但是，在这统石碑上，对于福泉寺的维修过程记叙得十分简略，只是简单地记叙了庙宇重修的起止时间，而对具体修缮了哪些建筑物，却无一字提及。清朝嘉庆及其前后的一个时期内，汤泉福泉寺到底有哪些建筑物，在这统碑文中我们找不到任何的依据。在此之后，到清德宗光绪年间，遵化知州陈以培倡议捐资，又曾经重修过福泉寺。

清朝时期汤泉寺院布局

清乾隆年间马兰镇总兵布兰泰所修《昌瑞山万年统志》一书中，绘有一幅汤泉图。从这幅图中可知，清朝时，福泉寺建筑物由南向北依次为：帆杆两根，立于山门前之左右。山门一座，型制为单檐悬山式，间数不详。门内左侧即东侧有钟楼一座，高两层；右侧有鼓楼一座，亦高两层。两楼上层均为单檐歇山式。钟鼓楼北左右各一配房，各面阔三间，型制为单檐硬山式。稍北大殿三间，型制单檐悬山式。其北有殿堂五间，为单檐硬山顶式。再北为殿堂五间，也是单檐硬山顶式。最北面山脚下是一座两层楼建筑物。下层共十一间，中部五间为两层，两面左右各三间为一层。中部高起的五间，为单檐硬山顶式。

按明正德时陈瑗所撰《敕赐福泉禅寺碑记》记载，这些建筑物，应分别是大觉圣尊天王殿、地藏菩萨堂、伽蓝堂。最北一幢的两层建筑，按照一般的庙宇建筑物用途，应该是一座藏经阁。

以上建筑物，用一道长方形墙院围绕起来。墙院的东西两侧各开有一道小门，东侧通往行宫。西侧则是又一小院，内建僧寮数所。其体量均低于正院内的各所建筑物。

湯泉圖

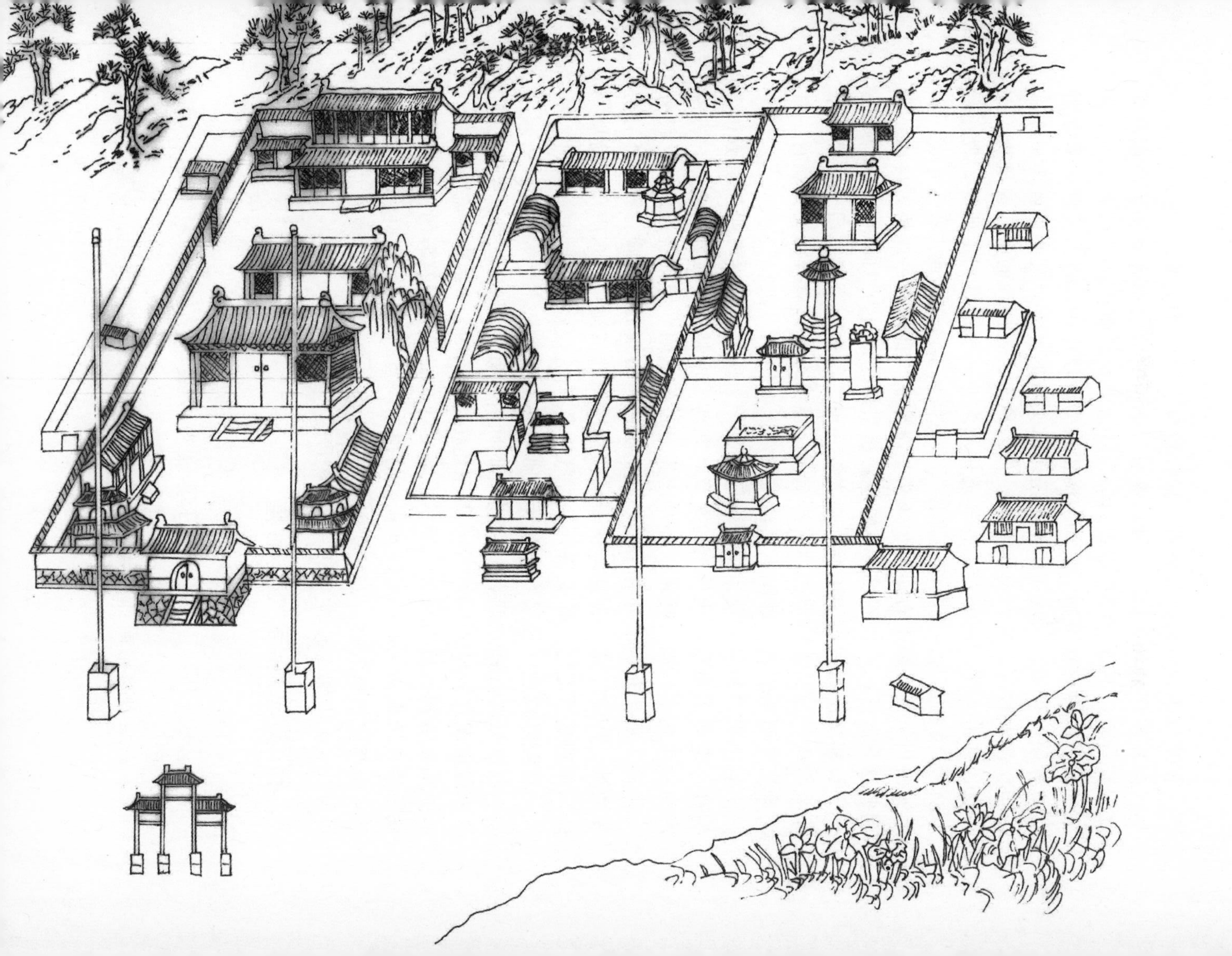

福泉寺东为行宫，其建筑布局，留待下章进行叙述。

行宫东即是观音殿，清朝时亦称之为寺。遵化地方志书中所谓两寺之间是行宫，两寺，即一指福泉寺，一指观音殿而言。

观音殿内的建筑物，从北向南依次为两座殿宇，各为三间。最北者是单檐硬山顶式，据说是供奉关圣帝君关羽的地方；其南面者为单檐歇山顶，规制较高，应当是供奉观音像的地方，为此寺的中心建筑物。这一点，在清光绪年间所修纂的《遵化通志》一书中得到了证明：观音殿"北供奉关圣帝君，后殿奉观音像"。（清何崧泰《遵化通志》卷十三·舆地·山川）观音殿南有短墙，墙头呈雉堞状。此南有一座桥。再南是明朝戚继光所建的六棱石幢。石幢左右建东西庑，均为三间单檐硬山顶式。

石幢之南有一道卡子墙，建大门一道，门面阔三间。门外左侧即东侧竖石碑一统，上刻清圣祖玄烨御书《温泉行》诗。碑为交龙螭首，其下碑座是石质方趺，趺座上高浮雕龙纹。

门南正对汤泉方池，据《蓟门汤泉记》所描述，参考明朝王衡和清初高士奇等人描写遵化汤泉的文章，九新堂应是正建在方池之上。方池南为六角觞亭，即流杯亭。杯亭南正对山门三间。周围绕以朱墙，门外为帆杆二根。东侧墙外有小院一座，院内有僧寮数间。观音殿墙外有房屋数处，用途不详，据推测应是供平民所用的浴池。其东南角有荷塘一区，每到夏秋之际，荷花盛开，香气扑鼻。

清乾隆以后，福泉寺和观音殿庙宇也逐渐衰败。

清世祖驾临汤泉以后的二百余年时间内，福泉寺既无大的修缮的记载，又未曾出现有影响的佛教人物，甚至连住持僧人的名字都未能流传下来。

福泉寺建筑群的兴衰见证了世事变迁。福泉寺建筑群的被毁不能不说是遵化历史文化的一项极其重大的损失。

3．汤泉总池与六棱石幢

浴日汤泉古今荣

在汤泉观音殿南部区域之内，建有一座长方形的水池，它居于整个建筑区域内非常显要的位置上，是汤泉各座建筑物的基点。整个汤泉水池以大块豆渣石错缝相压而砌成，呈东西较长、南北稍短的长方形。水池东西边长 7.33 米，南北边宽 4.08 米。池上台面四周用豆渣石凿出一道水槽，深 0.12 米，宽 0.14 米。四面水槽的周长为 20.38 米。水槽沟外有用青白石砌成的女儿墙。女儿墙下是豆渣石台基。台基高 0.37 米，长 9.1 米，宽 5.80 米。女儿墙高 0.74 米，长 8.7 米，宽 5.44 米。池南和池北，各有一只石雕龙头。每到盛水季节，龙口中喷出热气腾腾的泉水，北面流入浴池中，南侧流淌到九曲杯亭之内。

池中的汤泉水冒着热气，从地下汩汩而出，为到汤泉来洗浴的人们提供着源源不断的热水。在水池的北面，历史上还曾有一眼寒泉。这眼泉中所冒出的凉水流出后，与汤泉中的热水相混合，为人们的洗浴提供了舒适的条件。

为什么从地下能够流出汩汩的热水？这其中的原因何在？我国古代的人们做出过种种探究。

在古书中，有着许多种关于汤泉成因的记载。最早的关于汤泉成因记载的文字，出现在据说是东汉时写成的《山海经》一书中。该书的“汤谷十日”条中有这样的记载：黑齿国之“下有汤谷，汤谷上有扶桑，十日所浴。在黑齿北，居水中，有大木，九日居下枝，一日居上枝”。(《山海经·海经四卷·海外东经》下）这句话是说，在黑齿国之北，有一道山谷名叫汤谷。汤谷中有一棵神树，名字叫扶桑。这里是十个太阳用来洗浴的地方。这个汤谷在黑齿国的北面，生长在山谷溪水里的扶桑树上，有九个太阳在神树的下面枝杈上洗澡，有一个太阳在树的上面枝杈上。结合中国古代神话来分析，那九个在下枝的，应当是没有值班而正在休息的太阳，而那个在高枝上的太阳，就应该是正在值班的那一个了！正是由于那九个在水中的太阳的烧烤，山谷中的水才温热如汤。

这则写成于西汉时期的神话，与同是成书于西汉时期的《淮南子》一书中的记载，以及民间传说之间，有着异曲同工之妙。

《淮南子》中有如下记载：“尧之时，十日并出，焦禾稼，杀草木，而民无所食。猰貐、凿齿、九婴、大风、封豨、修蛇，皆为民害。尧乃使羿诛凿齿于畴华之野，杀九婴于凶水之上，缴大风于青丘之泽，上射十日而下杀猰貐，断修蛇于洞庭，擒封豨于桑林。万民皆喜，置尧以为天子。”（西汉刘安《淮南子·本经训》）这则神话中说，远在 6000 多年前的尧帝时代，天上有十个太阳，他们恣意地喷射着火焰，把肥沃的土地晒成了一片焦土。由于田地里生长不出庄稼来，所以人们无法生活下去了。为了拯救水深火热中的民众，尧帝命当时的善射手羿，用箭射下了九颗太阳，又杀掉了那些危害人类的异兽和害虫。因此，古人才得以生存下来。

而这被射下来的九个太阳，到底落到哪里去了呢？人们说，这九颗太阳落下来以后，都被压到大山之下了。其中有一颗，就落在遵化汤泉这个地方，所以这里流淌出来的地下水，就变成翻滚热烫的了。

在遵化的民间传说中，有一个与此十分类似的故事：在很久很久以前，天上有十个太阳。按照老天爷的安排，这十个太阳必须轮流到天上值班，每天只能有一个太阳在天上。这样，就会使天下的老百姓们既能够享受到太阳的温暖，又不会因为太阳光太过强烈，而灼伤人类和天下万物。

可是，这些太阳却不肯听从老天爷的安排，只顾自己胡作非为，任意而行，不管人间的死活。他们经常同时出现在天上，向大地喷吐着毒辣辣的火焰。这十个太阳的恣意妄为，完全破坏了天地之间阴阳运行的规律，给老百姓带来了无穷无尽的祸殃。

对这十个太阳的不顾后果的肆意妄为，神仙杨二郎杨戬十分震怒。为了拯救天下苍生，他就用扁担挑起了一座座的大山，要把这些胡作非为的太阳一个个都压在大山下面。在逃避杨二郎追赶时，有一个太阳就逃到遵化这个地方，但没有逃过二郎神的眼睛，于是它就被压在了山下。从此，汤泉的地下就冒出滚烫的热水。在汤泉西侧有一道关口，名叫铁门关，在关口东侧的山岩上至今还留有一个很深的洞眼，据说这就是二郎神担山时留下的扁担眼。少年时，笔者曾经带着虔诚的心情，到铁门关来探索这个秘密。结果，在这里还就真的看到了高高的悬崖上，有不少深深的石洞眼。当时，笔者曾因此而深信二郎神杨戬担山赶太阳的传说。随着年龄的增长，笔者知道了这不过是一个美丽的传说，但是它仍然深深地埋藏在笔者的心中。

后来，由于拓展公路的需要，铁门关两面的石壁都被炸掉，那个二郎神担山的扁担孔，也永远无法再看到了。至今在笔者的心中，还留着深深的遗憾。

上图:《直隶遵化州志》中的《汤泉浴日图》

下图: 遵化十景之“清泉绕郭”图

上图：二郎真君神像

下图：马齿苋，民间传说最后一颗太阳曾躲在它下面

人们在传说中还这样讲：在二郎神追赶十个太阳的时候，有一个太阳偷偷地藏在马齿苋菜的根底下，这才躲过了被镇压在大山下面的灾难。可是，这件事却被蚯蚓偷偷报告给了二郎神杨戬。杨戬本来也想把这个太阳压起来，后来又一想，要是一个太阳也不留的话，人世间不就是一片黑暗了吗！于是，他就动了恻隐之心，留下了这最后一颗太阳。从此以后，天上就只留有一个太阳，为我们带来光明，传送着温暖。

这颗幸存下来的太阳，从此就下定决心，既要报答马齿苋的救命之恩，也要报蚯蚓告密之仇。从这以后，即使是马齿苋菜被人摘下来丢在地上，它也不会被晒死，因为知恩图报的太阳不愿意去伤害它。而蚯蚓只要是一从地底下钻出来，就会在太阳毒辣辣光芒的暴晒之下，很快丧命。

从这些动人的传说里，我们可以看出老一辈人知恩图报和疾恶如仇的淳朴感情。

我们的祖先，在面对无法解释的自然现象时，无论是在书籍里，还是在口耳相传中，竟是以全然相同的智能来进行大胆的解答。

在前人的记载中，汤泉方池有着迷人的色彩。明朝著名的戏剧作家王衡在明万历二十一年游览遵化汤泉时，写了一篇《游汤泉记》。其中这样记叙道："泉在山坡下，初漫羡四溢。戚将军继光，始甃石为池。池正压九新堂，深二丈许，广几倍之。水势壮甚，然适如石而止。未至数十步，声汤汤然，气滃滃然，若不可向迩。即而俯之，静若悬鉴，可捧而盥。其气香，其气冲泡起于下，大小纷纷若转念珠。投以钱，作蛱蝶舞，与泡影相颉颃，良久乃下。"

从王衡的描述中，我们可以想象出当时汤泉的气势。由于水势浩大，水流潺潺有声，池上热气蒸腾，给人以不敢贸然靠近水池的感觉。王衡的这段关于汤泉的文字，有声、有色、有嗅、有视，向我们展示了一幅令人向往的汤泉景象。

时间稍后于王衡的明人宋懋澄，在他的《汤泉纪事》一文中，也记叙了他到汤泉方池时的情形："亭下池广三丈有奇，深等之。池中石色如青琉璃，水清照见丝发。浮沤数从泉孔中直上水面，日色映之，如五色线贯大秦珠，宛转水晶盘中。……好事者投钱其中，下时又若金蛇宛转于草间，钱虽至底，其字犹可指点。"

关于汤泉的描述，我们在《西游记》中也可以读到。《西游记》第七十二回《盘丝洞七情迷本　濯垢泉八戒忘形》中有一段文字，对于天生热水的汤泉，描写得十分真实、细腻：

> 那正南上，离此有三里之遥，有一座濯垢泉，乃天生热水，原是上方七仙姑的浴池，自妖精到此居住，占了他的濯垢泉。……
>
> 不多时，到了浴池，但见一座门墙，十分壮丽，遍地野花香艳艳，满旁兰蕙密森森。后面一个女子，走上前，呼哨的一声，把两扇门儿推开，那中间果有一塘热水。这水自开辟以来，太阳星原贞有十，后被羿善开弓，射落九乌坠地，止存金乌一星，乃太阳之真火也。天地有九处汤泉，俱是众乌所化。那九阳泉，乃：香冷泉、伴山泉、温泉、东合泉、潢山泉、孝安泉、广汾泉、汤泉；此泉乃濯垢泉。
>
> 有诗为证：
>
> 一气无冬夏，三秋永注春。炎波如鼎沸，雪浪似汤新。分溜滋禾稼，停流洁不尘。涓涓珠泪泛，滚滚玉生津，润滑原非酿，清平还自温，瑞祥本地秀，造化乃天真。佳人洗处冰肌滑，涤荡尘烦玉体新。
>
> 那浴池约有五丈余阔，十丈多长，内有四尺深浅，但见水清彻底。底下水一似滚珠泛玉，骨都都冒将上来，四面有六七个孔窍通流，流去有二三里之遥，淌到田里，还是温水。池上又有三间亭子。亭子中近后壁放着一张八只脚的板凳。两山头放着两个彩漆的衣架。

《西游记》中的这段文字所记载的，应当是那种水温在 40 °C 左右的温热水型的汤泉，因为它可以直接用于洗浴。

关于洗汤泉浴的各种好处，《西游记》的诗歌中也有表现："佳人洗处冰肌滑，涤荡尘烦玉体新。"这与白居易在《长恨歌》中所写的"春寒赐浴华清池，温泉水滑洗凝脂"的名句，有着异曲同工之妙。而书中描写的在池上建有亭子，池中有孔窍将池水引出，则与戚继光所修葺之后的遵化汤泉方池的建筑，竟然完全一样。

遵化汤泉与《西游记》中的温泉有所不同，它的水温是 62 °C。那些从地下涌出的泉水，不能直接用于洗浴，需要兑上凉水以后，才能进行洗浴。

明朝时，遵化属顺天府蓟州管辖，由于汤泉方池及其四周风景秀丽，所以早在明嘉靖三年（公元 1524 年）蓟州知州熊相所编纂的《蓟州志》一书中，便在“蓟州八景”之中列入了“汤泉浴日”。这八景，又称为“渔阳八景”。它们分别是：青池春涨、白涧秋澄、采村烟霁、铁岭云横、盘山暮雨、独乐晨灯、汤泉浴日、瀑水流冰。在清康熙十八年修纂的《蓟州志》中，则完整地记载了咏唱这八景的诗歌，此诗为其中之一。八景之下，各加以说明。“汤泉浴日”下称：“在（蓟州）城东北六十里有汤泉，水热如沸，若经浴日者。今咫尺陵寝，修葺亭榭，无异帝京，上时观猎沐浴焉。”因清初在遵化兴建皇帝陵寝，所以遵化由县升为州，不再属蓟州管辖。为此，到道光十一年编纂《蓟州志》的时候，把“汤泉浴日”从“蓟州八景”中剔出，补入“崆峒积雪”，以足八景之数。

入清以后，遵化马兰峪地方兴建皇帝陵寝，遵化升县为州，此后镇守清东陵的马兰关总兵布兰泰，将它列入东陵八景中。清朝时遵化知州刘靖，又把“汤泉浴日”列入遵化十景之一。以此可知，汤泉的知名度在当时是非常之高的。在《直隶遵化州志》中，傅修把这十景分别用文字加以描述，并在每一景的文字之后加缀以诗句，进行吟咏。对这十景，刘靖还附以简单的草图，给人以生动直观的印象。

傅修所列的遵化十景分别是：燕山峭壁、铁岭晴虹、明月衔山、清泉绕郭、五峰拱翠、双水分流、梨峪停云、汤泉浴日、龙山积雪、圣水喷珠。

其中“汤泉浴日”景观中这样写道：“汤泉浴日，刘志图说：《水经注》云：‘渔阳之北有温泉。’《魏氏风土记》曰：‘徐无城东有温汤，水出北蹊。’其地即遵化之汤泉也。州西北行四十里，抵北山之阳，一泉上沸而出，虽隆冬如汤。万历五年，戚武毅公继光，甃石池之，深丈余、方四寻。石栏出地者三尺，外缭石渠为龙吻以泄之。又为南北窦，以分疏之。南者流注山麓荷塘中，北者曲曲引入浴室。宦民异区，男女异域。凡湿寒痞胀之疾，坐汤半日，可立瘳焉。未至泉数十步，暖气蝨蝨上蒸如鼎沸，不可向迩。即之一泓若鉴，澄清见底。投以钱，翻翻若小黄蝶，百折而下。面背宛然，游人诧为奇观。探以指辄不可耐，汲之烹生物，又与井泉候等。造物尤是不可测哉！”

圣祖御制诗云：“沐日浴月泛灵液。”窃思穴通虞渊，尝邀羲驭之辉云。

国朝知州傅修诗：“朱砂汤甃自南塘，天一炉锤出上方。灵液生春回黍谷，璇源抱日跃扶桑。暖蒸湢室能蠲疢，曲引杯亭好泛觞。尺五近瞻仙窦在，氤氲香雾亘祥光。”（清刘埥原纂、傅修续纂《直隶遵化州志》卷四十三·古迹·遵化十景）

清代守陵总兵、满族人布兰泰也将“汤泉浴日”写入他所撰写的《昌瑞山万年统志》一书中。布兰泰所作“东陵八景”文字不多，这里将它们全文录入本书，以使广大读者能够见其全貌。

汤泉浴日：陵东二十里许，其水无冬夏常沸如汤，引而可浴。圣祖谒陵，以时常往幸焉。上有圣祖《温泉行》碑记。

龙门跃鲤：陵南兴隆口，东傍一峰，望之蔚然深秀。下有龙潭，水通山窟，每有巨鲤群集，跳跃自如。昔土人遇旱常往祈之，泽应时降。

双泉映带：昌瑞山后分水岭两歧，各涌一泉，清流不竭，映带左右。锦鳞沙鸥，汀兰岸芷。泳游其间，终日忘倦。

七井连辉：后龙雾灵山，奇松异石，树林荫翳，瑞烟笼罩。山后崖旧凿有“雾灵山清凉界”六朱字。峰顶有井七眼，按北斗罡星，其水澄澈甘冽，迄今泉源不竭。

拊石宣鼙：后龙窄道子，偏东南山下，有鸽子石堂。堂壁特出额石，击之如鼓，声音怡耳。人因名曰石鼓。

鲇石来游：陵东鲇鱼关之门内，西有石高五尺，长丈余，形如鲇鱼，若将游泳者，堪以枕流漱石，故关以此名。

黄岩晚照：陵西黄崖关内石崖夹峙，高数千仞，日落良久，复现黄霞，光映两峰，如同白日，土人咸曰日落复明，故关以此名之。

将军古石：陵西将军关口里，有石高一丈五尺余，在正关门东厕，形似将军，土人俱称为将军石，关随因石名为将军关。（清布兰泰《昌瑞山万年统志》胜景·清东陵八景）

汤泉方池始建年代不详，估计其建筑年代不能晚于辽代。因为在明万历年间戚继光修葺汤泉水池之前已经建有方池，所以戚继光在《蓟门

上图：“龙门跃鲤”之兴隆口，今龙门口水库　　李文惠/摄影

下图：“七井连辉”藏在雾灵山中　　李文惠/摄影

汤泉记》中开门见山地写道："遵化古属范阳镇，迤北一舍而遥，山麓有汤泉，甃为方池久矣。"戚继光为明蓟镇总兵时，汤泉池泉眼已经淤塞，建筑部分坍塌，所以他率士兵重新修葺方池，挖浚池内的淤泥，并用汤泉附近盛产的豆渣石凿成条石，来垒砌汤泉水池。

六棱石幢叙事详

明万历五年，戚继光开始兴工修葺汤泉水池和汤泉馆舍。竣工后，将此次修缮过程撰成一篇《蓟门汤泉记》，并将其镌刻在一幢六棱石幢之上。除南侧三面刻有戚继光的文章外，北侧三面还刻着汤泉建筑分布图和周围景物的名称。汤泉六棱石幢，在池泉总池之北 39 米处。它是一个青石质的六棱形幢，通高为 3.58 米。六棱石幢立在一个六角形的须弥座上。须弥座的最下层为下枭，六面，每面宽 0.59 米，高 0.18 米；下枭之上是束腰，六面，每面宽 0.51 米，高 0.20 米；束腰之上为中枭，六面，每面宽 0.61 米，高 0.17 米；上枭也是六面形，每面宽 0.70 米，高 0.18 米；须弥座上面竖着石质柱身，同样是六面，每面宽 0.36 米，六面的周长为 2.16 米。柱身高 1.41 米，由三块各高 0.47 米的小石柱拼接而成；六棱柱身之上，为高 0.2 米的三层密檐，最下层高 0.39 米，第二层高 0.445 米，最上一层檐高 0.47 米。其最上部，是上下两个石雕荷花形状的顶珠，顶珠下是石雕荷叶形顶，顶高含顶珠和荷叶顶，共 1.24 米。

六棱石幢于 1982 年被遵化县人民政府公布为县级重点文物保护单位。1988 年 8 月 8 日，汤泉六棱石幢被唐山市人民政府公布为市级文物保护单位。刻在石幢上的《蓟门汤泉记》，是我们研究遵化汤泉历史的一个重要实物依据。

4．汤泉浴池和行宫

自古汤泉致帝王

我国古代对于汤泉的利用，开始得比较早。据陕西骊山华清宫发掘主持人雒希哲编著的《唐华清宫》记载，通过发掘华清宫得知，早在距今6700年前的仰韶文化时期，骊山温泉已经被姜寨先民用以沐浴、洁身和疗疾了。继之而起的商、周时期，骊山温泉也被用来进行洗浴。

据司马迁所著《史记》，西周末期幽王娶了一个妃子，名叫褒姒。这个褒姒容貌出众，漂亮无比，周幽王对她是非常宠爱，待之如掌上明珠。可是这位褒姒娘娘却有一个怪癖，即从来不笑。为了取悦自己的爱妃，周幽王想尽了千方百计，却总也不能把她逗笑。后来，朝中一个奸臣虢石父给周幽王出了一个办法，即在边城上举起烽火，以此来逗褒姒发笑。原来，为了防备北方的少数民族的入侵，周朝有这样一个军事制度，即在边城上设置烽火和大鼓，一旦有敌人来犯，就在边城上举起烽火，擂响大鼓。看到烽火，听到鼓响，天下的诸侯就会率兵来救。

为了哄自己的爱妃一笑，幽王竟然把这样的军国大事当成儿戏。他命人在骊山燃起烽火，擂起大鼓。结果，诸侯听到以后，纷纷率兵来救。没有想到，当大家来到骊山的时候，却没有发现敌人的踪迹。看到诸侯领兵到来时那种气喘吁吁、满头大汗、急急匆匆的样子，褒姒紧绷着的脸上终于露出了笑容。此后，幽王竟然又以同样的方法来多次戏弄诸侯，以博得褒姒的笑颜。而周幽王没有想到的是，他的妃子虽然笑了，他自己却因此在诸侯那里失去了信誉。

后来，犬戎真的杀来了。幽王在骊山再一次举起了烽火，召集诸侯来救自己，可是诸侯受够了幽王的戏弄，以为这一次又是幽王在胡闹，大家谁也不肯派兵来救。由于得不到天下各路兵马的救助，周幽王姬宫涅最终被犬戎杀死在骊山之下。他的爱妃褒姒也被犬戎掠走，京都的各种宝物全部都被犬戎劫掠一空。西周王朝至此也遭到覆亡。这一年，是在公元前771年。

此后，姬宫涅的儿子姬宜臼虽然在洛阳建都，重兴了周王室，建立了东周，但是周朝的势力却已经被大大地削弱了。自此以后，开始了历史上列国纷争长达549年的春秋和战国时期。

周的都城远在镐京，可是周幽王和褒姒为什么要到骊山来戏耍诸侯？唯一合理的解释，就是他们要到骊山下的温泉内进行洗浴，顺便进行游玩。而这一点，在华清池的考古发掘中也得到了证实。“西周建都沣镐，国势强盛，于骊山温泉大兴土木，修建离宫别苑、军事设施。周幽王在此为博得爱妃褒姒一笑，举烽火戏诸侯，酿成失国悲剧。”(《唐代离

宫研究新收获》,《陕西日报》, 2002-08-28)

继周朝之后，秦始皇也曾在此建行宫，修浴池，以为享受。秦始皇征服六国，一统四海之后，竭尽全国的人力和财力，来修建骊山陵园和“骊山汤”。南北朝时期著名的学者郦道元在其《水经注》一书中记载了这样一个神话故事，我们也可以从中看到秦朝时期对于温泉的利用：“俗云：始皇与神女游而忤其旨，神女唾之生疮，始皇谢之，神女为出温水，后人因以浇洗疮。”秦始皇和一位神女一起出游，却因为他的某些言行惹怒了神女，于是被神女唾了一脸口水，因此他的脸上生出了毒疮。这可吓坏了不可一世的秦始皇帝。他一再地向神女道歉，神女才饶恕了他。于是神女为他从地下引出神奇的温水，秦始皇最后得以用温泉之水治愈了脸上的毒疮。从此以后，人们就开始用温泉水来洗涤身上的疮疥癣癞等疾病。从这一段文字中我们可以想见，至迟在秦朝的时候，人们就已经开始用温泉水来治疗皮肤疾病了。关于秦始皇得罪神女的故事，此后在各种书籍中一再出现，可见这个故事流传甚广。

从这些文字中，我们可以看出，我国对于汤泉的利用起源很早，而且使用范围也十分广泛。我国古代的人们已经知道按照汤泉水的不同类型来加以利用。明朝著名的医药学家李时珍这样记载汤泉的药用价值：温汤“亦名温泉，沸泉。种类甚多。有琉磺泉，比较常见；有朱砂泉，见于新安黄山；有矾石泉，见于西安骊山。气味：辛、热、微毒。主治：筋骨挛缩，肌皮顽痹，手足不遂，眉发脱落以及各种疥癣等症。”(《本草纲目》第五卷·水部)

其实，汤泉的疗疾养生作用，在《山海经》和《水经注》中，都曾经有记载。《山海经》一书中，有记录黄帝饮温泉水的文字：“(不周山)又西北四百二十里，曰峚山，其上多丹水”“其原沸沸汤汤，黄帝是食是飨”。不周山下有高原，高原之上有温泉。黄帝饮用这里的水，吃这里的水做的饭。《水经注》滱水条下有：“温泉水，水出西北暄谷，其水温热若汤，能愈百疾，故世谓之温泉焉。”

中国古代非常重视洗浴之事，据说在帝喾高辛氏的时候，就已经出现了表示“澡堂”之义的“湢”字。周朝的时候，已经出现了专用的浴池。据说是周公姬旦所著的《礼记·内则》中就有“外内不共井，不共浴”的话，可见当时洗浴之风已经盛行。不共井，是指不用一眼共同的水井；不共浴，是说不在一个公共的浴池中洗浴。而在春秋战国时期，每遇大事，人们都要斋戒并沐浴更衣，以示郑重。关于这一点，在史书中屡见不鲜。

佛教传入中国以后，众僧徒也对沐浴之事十分看重。在南北朝时期，僧人们在建设寺院时，都要将浴池这一建筑物考虑到规划之内。在南北朝时期，由于社会动乱，人们的生死无法预料，思想无所寄托，所以在那一时期，宣扬来世的佛教在中国得到广泛的传播。唐人有“南朝四百八十寺，多少楼台烟雨中”的诗句，表明这一时期佛教寺院建筑是非常多的。而各地寺院为了给僧尼沐浴洁身侍奉佛事提供方便，大多数都在庙宇中建有澡堂。北魏杨衒之《洛阳伽蓝记》就曾经写到在洛阳城西宝光寺的园子中，建有沐浴用的澡堂。

在遵化现存的一些寺院重修碑记中，也多处提到在庙宇中建造澡堂之事。《五峰禅林寺圆明通悟大师遗行之碑》中提到修复禅林寺时，这样写道：“故得殿堂庭庑、坛藏厨库、宾舍僧寮，下逮厩湢园圃咸备。”明弘治四年，在新建遵化鹫峰山栖云寺时，僧人们不但“作佛宫、作观音殿、伽蓝、祖师禅堂”，而且连“斋室廊庑庖湢之属，靡不作而新之”。将湢即澡池与斋室、厨房等日常生活所需的建筑物同等对待，可见它在寺院中的地位是十分重要的。清顺治十六年，僧人普门在重修鹫峰山栖云寺时，也是“凡一切静室、垒堂及庖湢之属，以次就成”。从古人的这些记载中，我们可以想见中国古代无论僧俗，对于洗浴之事的重视程度都是非常高的。

清朝人潘荣陛所著《帝京岁时纪胜》中，记述腊月沐浴时写道：“暮岁斋沐，多于廿七、八日。谚云：‘二十七，洗疚疾；二十八，洗邋遢。’”从这些记载中，我们可以看出，沐浴不仅是为了去除身上的污垢，也是为了去除身上的疾病。而这种疗疾养生的功能，在汤泉的洗浴中，效果会更加明显。

戚继光建造汤泉池馆

遵化汤泉中，历代都建筑了不少供皇家、贵族、文武百官、平民百姓疗疾养生的浴池。

对于明代以前的遵化汤泉到底建了哪些浴池，我们已经无从查考。但是明隆庆二年以后，戚继光在任蓟镇总兵期间，在遵化汤泉建起不少浴

上图：五峰山禅林寺　　李文惠/摄影

下图：银杏叶落　　　　李文惠/摄影

池和馆舍，从他所著的《蓟门汤泉记》一文中，可以看出明朝时期遵化汤泉浴池的一个大概分布情况。

明朝时期的遵化汤泉浴池，主要是在戚继光任蓟镇总兵时修葺和兴建的。他所建的这些浴池和馆所，则是在以前所留存下来的建筑物基础之上，加以修葺和建造，在建造中对旧有建筑物或增，或修，以满足阅兵时巡视大员休沐的需要。

在观音殿寺院内，除重修六角流杯亭外，戚继光还挖浚了方池中的淤泥，在方池上建起一座堂屋，名为九新堂，以覆盖水池。关于这一点，明人王衡在其《游汤泉记》中有这样的记载："戚将军继光始甃石为池。池正压九新堂。"稍晚于他的宋懋澄在其《汤泉纪事》一文中也写道："亭下池广三丈有奇，深等之。"清初大臣高士奇在亲历遵化汤泉之后，更是在其所著的《松亭行纪》中这样写道："明总兵戚继光甃石为池，筑堂其上，曰九新。"以上三人所记，均为他们所亲眼看见，是非常可信的。戚继光在水池北又增建了六棱石幢，恢复了流杯亭之南的碑墙。观音寺院东墙外建了寝堂，寝堂之南起造进泉馆和听泉馆。

观音殿寺院西墙外，引寒泉之水，建福泉公馆，建名为"蒸云"的寝堂，寝堂东南角设浴室名"无垢室"，无垢室内有一个用六块有纹理的石头砌成的浴池。除此之外，还建有与众池、女清池、接水池、洗马池等。

在以上这些浴池之西南方位，有福泉寺。寺中除法堂之外，还有公馆两座，每座公馆内，"浴室、厢舍、庖湢咸具"。（明戚继光《蓟门汤泉记》）

福泉寺西南方向，有银杏树三棵，每棵均粗至十余人方才能够合抱过来。这三株银杏树挺拔耸立，像三张大伞，使人们即使是在酷热的夏天，也能够感觉到嘉荫蔽日的清凉。围绕着这三棵银杏树，戚继光还建起了四时馆。四时馆内有桌案，案下八只足中有两只足内空，从此处引水入池。住客既可以在这里洗浴疗疾养生，又可在水上泛觞温酒、饮酒赋诗，以此来抒发自己的生活情怀和感受人生乐趣。

除以上各座浴池之外，还有四五座浴池，零星散建于各座浴馆之间。这些浴馆，多用来供平民百姓来此泡汤洗浴。

清初帝王行宫

入清以后，遵化汤泉为清世祖福临和清圣祖玄烨所关注。他们曾经多次来到这里洗浴养疾。在顺治十八年建立世祖的孝陵以后，这里更成为皇家休沐的场所。

康熙年间，在这里建起了御汤池。清康熙年间遵化知州郑侨生所纂的《遵化州志》中这样记载汤泉浴池："我国朝易官池为禁池，即圣天子汤沐所矣！圣驾时临，恒于农隙讲武而驻跸矣。王公大人从濯，各有其区。由是轮奂改观，甲于天下矣！"从这一段文字中我们可以知道，清朝的汤泉行宫，其实就是利用明朝时旧有的官池和民池，在对其进行改造之后，供皇帝及太皇太后使用的。

汤泉行宫位于福泉寺和观音殿之间。据清朝初期大臣高士奇所著《松亭行纪》载："世祖章皇帝驾常临幸，命建宫其旁，丹碧而已，不加华彩。"以此来看，则遵化汤泉行宫应该是始建于清世祖顺治年间，而其大兴工程，则应是在清圣祖康熙年间。

在寺院之旁兴建供皇帝出行时住宿的行宫，是清朝的一个习俗。清太祖努尔哈赤的福陵和太宗皇太极的昭陵都在东北沈阳，为便于谒陵时到寺院拜佛，在沈阳城内实胜寺旁修建了行宫。出于同样的原因，高宗在清东陵附近的隆福寺旁兴建了隆福寺行宫；此后，又仿照隆福寺规制，在清西陵附近的永福寺旁兴建了梁各庄行宫。清朝统治者在遵化福泉寺旁兴建汤泉行宫，当也是基于这样的考虑。

查乾隆年间遵化知州傅修所纂的《直隶遵化州志》中，有一幅《汤泉浴日图》，对于汤泉行宫的建筑物布局和建筑形式有所体现。而乾隆时期任马兰关总兵、兼任东陵总管内务府大臣的布兰泰，在其所修撰的《昌瑞山万年统志》一书中，也有一幅《汤泉图》。此图在画法上较《直隶遵化州志》中的《汤泉浴日图》要详细得多，虽然其中没有行宫内各座建筑物的具体名称，但是各座建筑物的基本规制则是历历可见的。

从图上我们可以看出，汤泉行宫以院内短墙为界限，区分为南北三个院落。最北部院落内，有北正房五间，布瓦卷棚顶，房后是一片空阔的小院。房前建佛塔一座。西侧有厢房三间，小院前有大门一座，面阔五间。在北正房与大门东侧，有一道卡子墙，分出一个小院，内建瓦房三间，据推测，此处应当是一座浴池。北数第二个院落，仅有建筑物一座，坐西朝东，面阔也是三间。最南面的小院内，又用南北方向的两道卡子墙分成三个小型院落。东区有坐东朝西建筑物一座，三间面阔。中区正房一座，间数不详。西区正房三间，行宫正门一座，面阔三间。大门外建影壁一座。

按照康熙二十二年二月随清圣祖玄烨到汤泉沐浴的应制经筵讲官、都察院左都御史徐元文所赋诗序中的描述，清朝汤泉行宫规制十分简朴。“太皇太后翟辂式临，睿情加泰。皇上钦承慈指，启宇庀工，去雕甍绮疏之壮丽，追尧阶舜牖之纯朴。因仍旧址，攸跻修宁。”只是因太皇太后銮驾屡次来临，为了休沐方便，才遵照圣祖母的懿旨，动工兴建汤泉行宫。在遵化汤泉行宫的修建过程中，清圣祖玄烨追慕历史上的尧帝和舜帝，以他们的俭朴为榜样，所以汤泉行宫也是以茅茨土牖为时尚，去掉了雕梁画栋等奢侈的工程作法，而且很多都是利用原有的建筑物。

除了利用汤泉亭馆浴池等原有的建筑物，汤泉行宫在建造时，还拆除明朝时在遵化州城兴建的教军场和巡抚衙署，利用这些建筑物的旧材料，尤其是木料来修建汤泉行宫。

明教军场“在东关北里许，明景泰二年都御史邹来学建‘壮猷堂’五楹、重厅五楹、东西厅六楹、神器库八楹、旗台一、鼓楼二、四面车房四百九十四楹。国朝顺治四年，地归入旗，砖木各料，拆修汤泉”。（清傅修《直隶遵化州志》卷之六·建置）这些材料是否用于行宫建筑，地方志中没有记载，但是它们被用于汤泉建筑，则是无疑的。

清初大规模修筑汤泉行宫，是在康熙年间，仍是拆除明朝时在遵化城内兴建的旧有建筑。据清光绪年间遵化知州何崧泰组织编纂的《遵化通志》载：明朝巡抚衙门，肇建于明景泰年间。当时因北疆军务紧张，明代宗景皇帝朱祁钰派麻城人邹来学巡抚顺天、永平二府。当时，巡抚衙门设在遵化县衙门之东的一所废旧的院子里。这所院子里的房屋既破旧又低矮。衙门中的官员和衙役在参见巡抚大人时，只能站立在屋子的外面，每当遇到雨天，大家都被淋得浑身湿透。为了改变这种状况，体恤下级官吏的疾苦，到了60年后的明正德六年，继任巡抚李贡将县衙西的守备署加以扩建，把巡抚衙门迁移至这里。扩建后的巡抚行院，有大门三间，中门也是三间，大堂五间，后堂与此相同。两堂前后均有走廊六间。官员家属住宅，则单独建成一个小院落。中门之外为下官和吏员

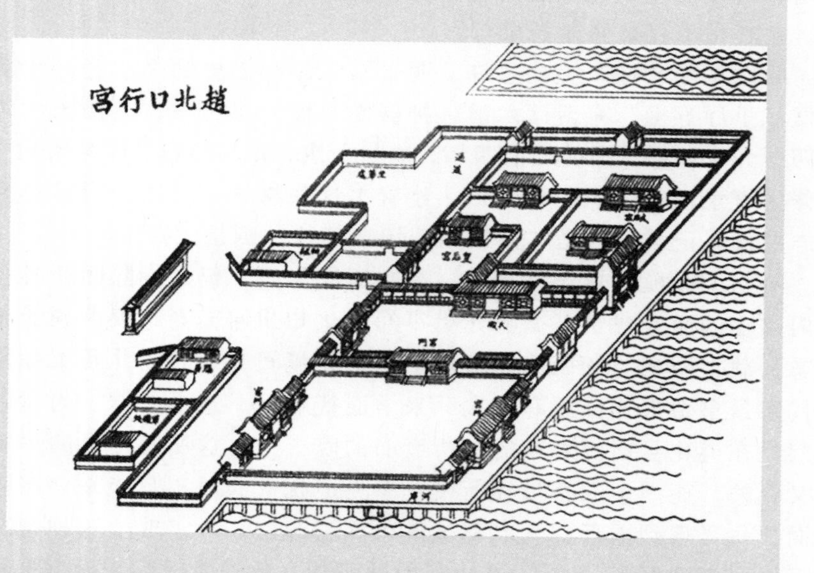

上图：清代江苏巡抚衙门

下图：清朝行宫图

等人等待接见的休息室，共十六间，衙门内还建有马厩七间。重建后的巡抚衙门，“尊严静灿，符宪堂体”。明世宗“嘉靖间，巡抚温景葵重修。中为堂五楹，堂之后为轩，为后堂。如堂式为翼室，为东西序各三楹。为吏书所，又后为内署。堂之前为台，为廊，为坊，为仪门。门东为土地祠。为碑亭。为寅宾馆。门西为射圃。为碑亭，又西为燕喜堂。南为大门，门外左右置官厅如式”。

清朝入关之初，顺天巡抚仍设，抚院衙门依然驻在遵化城内。此后，由于边界位置的改变，遵化在军事上的地位已经不像明朝时期那样重要。长城沿线的广大地区，已经由明朝时的边疆，一变而成为清王朝的腹地，所以到了康熙初年，朝廷将顺天巡抚移至蓟州，将蓟州道从蓟州移驻遵化，遂将抚院署改为道署。

清顺治十八年，马兰峪地方修建清朝皇帝的陵寝，于是遵化在清康熙年间由县升为州，而蓟州道又奉旨裁撤，为此抚院衙门空置。为了修建供圣祖玄烨祖母太皇太后博尔济吉特氏休沐的浴池和馆舍，康熙年间，将巡抚衙门的木料逐渐拆除，用于修造汤泉行宫。（清光绪何崧泰《遵化通志》卷四十三·署学）

经过清顺治、康熙两朝的不断经营，遵化汤泉行宫已经形成了较大的规模。康熙二十年，遵化知州郑侨生曾在奏折中写道：“鲇鱼池周围田共五顷二十亩有余，……其中温泉田地一顷六十八亩。”从中我们可以看到，遵化汤泉周围供行宫使用的土地面积是相当可观的。

清圣祖玄烨拆除明朝时建在遵化城内的抚院衙门，以修建汤泉行宫的做法，主要是出于三个方面的考虑：一是因清初国力尚未十分充裕，朝廷暂且不能动用大量钱财来修建行宫，以供享乐；二是与清圣祖玄烨本人不尚奢华的性格有关；三是行宫建筑物的房顶上不用流光溢彩的黄色琉璃瓦，而是采用色泽浅淡的灰瓦，也与山光水色相映衬，与行宫的休闲性质相对应。而明朝抚院的建筑材料，与此要求正相匹配。这样的建筑，对于舒缓人们紧张的神经，放松人们终日劳碌的心情，是大有好处的。

按照清朝建筑规制，因行宫的建筑物既无传统皇宫大内的黄琉璃砖瓦，也没有雕梁画栋，而是采用素雅的色调，大都是采用布瓦卷棚顶和布瓦硬山顶的建筑形式。行宫两侧的两座寺院，福泉寺是用琉璃瓦盖顶，而观音殿是用灰色布瓦覆顶，其形制多为布瓦歇山顶或布瓦硬山顶。这

行宫游廊

种淡雅的青砖、灰瓦、木柱，与皇宫的浓墨重彩相对比，正适应了居住者放松心情、抛却政事萦绕的需要。其朴素淡雅的颜色与绿水青山相映衬，体现出人们在融入大自然以后心情上的幽雅与闲适。而后人在恢复汤泉行宫和汤泉寺、观音殿时，如果将三座建筑物全部改成琉璃瓦盖顶，则既与历史不符，失去了汤泉行宫原来建设时用于休闲的本意，也是一种对历史和古代建筑不负责任的做法，更是一种对历史文化的亵渎。

康熙以后，清王朝在河北省承德建起了围猎之地，即今之围场。从此以后，清朝大型的狩猎活动，多在围场进行。因此，清朝的皇帝不再到京东地方打猎，他们来遵化汤泉行宫的次数也越来越少。遵化汤泉建筑，也就不再像以前那样得到皇家的重视了。

到了清朝晚期，由于国力日益衰竭，财政日趋拮据，清廷对在各地所建的行宫，均已逐渐无力进行修葺。不仅如此，为了解决经济上的困难，清政府对一些不甚重要的行宫，不但裁撤那里的弁兵，以节省粮饷，甚至将这些行宫拆迁变卖，以解燃眉之急。在清光绪年间所修的《遵化通志》中，有这样一则记载：道光九年（公元 1829 年）奉宣宗旻宁谕旨，将遵化汤泉行宫进行裁撤，将行宫的木材招商估价进行变卖，行宫原址仍归寺院管理。(《采访册》)而这些被拆卸下来的木材，则被移到丫髻山，用来修建此山上的寺庙。（清光绪何崧泰《遵化通志》卷十三·舆地·山川）

《遵化通志》的这种说法，似乎是对遵化汤泉的命运有了一个确切的交代。但是，在查阅权威的史料《清宣宗实录》时，我们却对以上的说法不能不加以否定。《清宣宗实录》中，对遵化汤泉行宫在道光九年之后的命运，有如下记叙。

道光九年三月二十四日，经马兰镇总兵黄文煜奏请，将大新庄行宫陈设移于烟郊行宫；三家店、蔺沟陈设，移于南石槽行宫；罗家桥陈设，移于密云县行宫。对于大新庄、三家店、蔺沟、罗家桥等四处宫的殿宇房间，以及装修等项材料，暂缓拆卸，并拟定每处暂留兵四名，昼夜巡逻，照前看守。其余千总、兵丁等撤交盘山、汤泉两总管，分拨各处当差。(《清宣宗实录》卷一五四）从这道谕旨中，我们实在无法看出清廷有拆卸汤泉行宫的迹象，反而能够看到，遵化汤泉的地位，与清帝非常钟情的蓟州盘山行宫静寄山庄可以相等。在此后的数年当中，清朝廷不但没有拆卸盘山行宫的想法，反而一再地对其进行修葺。以此类推，遵化汤泉在这一时期也是不可能被拆除的。

清道光十一年十一月二十二日，宣宗旻宁降下谕旨：东路和北路两路行宫，因破损情形较重，所以对东路隆福寺、桃花寺、白涧、烟郊四处行宫二十八处应加以修理之处，由总理工程处派出人员进行勘察估算，并加以修理。而盘山、汤泉和北路的古北口内外各行宫，因不是皇帝经常往来的地方，所以全部暂缓修缮。至于何时修缮，宣宗旻宁说道：等将来“遇朕行幸时，自必先期降旨，应如何豫备，候旨遵行”。对于各处行宫内的所有陈设铺垫，交该处总管妥为收贮。“其看守兵役人等，亦应酌量裁撤，或应留四五人，或应留一二人，分别处所照料。”为了以后皇帝临幸时的安全起见，“各处行宫，应仍令原设兵弁看守，除千总、委千总、苑丞、苑副各员，照旧额设外，拟裁盘山兵二十一名，汤泉兵十名，丫髻山、南石槽、密云县、瑶亭、怀柔县五处兵十二名”。(《清宣宗实录》卷二〇一）此次虽将汤泉行宫守兵裁撤了十名，但是汤泉行宫本身仍然未予裁撤。

清道光皇帝

清朝中后期，虽因经费原因，对各处行宫或裁、或撤，或裁判看守兵员，或撤除行宫内附设之物，或不加修理，任其自然坍塌毁坏。汤泉行宫的地位，也因此而有所下降。但是直到清宣宗道光十一年十一月下旬，清朝皇帝仍对汤泉行宫存有盼望旧地重游的思念之情，未下令对其加以拆除。由此可见，《遵化通志》中关于道光九年将汤泉行宫进行裁撤的说法是毫无依据的。

遵化汤泉的清朝皇帝行宫，到底是在哪一年拆除掉的呢？笔者查阅了道光《实录》及以后的咸丰、同治、光绪三朝《实录》和《宣统政纪》，都没有拆除遵化汤泉行宫的记载。可以说，遵化汤泉清代行宫消失于何时，是一个至今尚未解开的谜！

除汤泉所在地的皇家行宫，为了住宿方便，清圣祖玄烨还在汤泉附近的鲇鱼口关城内建起了一座行宫。

鲇鱼口关，即鲇鱼石关。在明朝时，这里也是一个非常重要的边塞关口，属马兰路下管辖，是马兰峪东第二个关口。那时，这里曾发生过明王朝与蒙古部落之间的战斗。

明武宗正德四年，蒙古诺音部“自鲇鱼石毁垣入马兰峪。十年乌梁海寇马兰峪，参将陈乾战死。嘉靖三十四年，谙达亦自此入侵马兰峪，其东为大安口，亦要口也。嘉靖三十八年，尝为敌陷”。（《钦定日下旧闻考》卷一百五十二·边障）

由于它的地势十分险要，所以从明初开始，就受到了很高的重视。明洪武十五年（公元 1382 年）九月，北平都司奏请在一片石以西二百余处关隘“以各卫校卒戍守其地”。其中在遵化境内的关口就有松棚峪、马蹄峪、洪山寨、蔡家峪、秋科峪、罗文峪、猫儿峪、山寨峪、小挝角山、大挝角山、沙披峪、山口西寨、片石峪、冷嘴头口、大安口、井儿峪、鲇鱼口关、琵琶峪寨、马兰峪、平山寨等三十余处。（《明太祖实录》卷一四八）鲇鱼口关也列为遵化境内三十余处重要关隘之一。鲇鱼池以其地势险要，而成为长城上的一个重要关口。

清朝时，鲇鱼口关属马兰镇所辖，“左营鲇鱼关汛，分驻遵化州鲇鱼关，距镇十二里，距州五十里，火道二十八里，红桩八十四根。拨汛十二处”。（《遵化通志》卷九·陵寝·营汛）这里距马兰镇 20 里，距遵化州城 50 里，距清东陵火道 28 里，立红桩 84 根，建有 12 处拨汛。

上图：鲇鱼口关敌楼　　李文惠/摄影

下图：今上关湖水口，附近即鲇鱼口关　　李文惠/摄影清光绪时所修纂的《遵化通志》中记载：“鲇鱼石关，州西北五十里，凤凰山东十里，下营在关南十里。今设把总驻守。马兰峪东第二关口也。明正德四年，诺音自鲇鱼石毁垣入马兰峪；嘉靖三十四年谙达亦自此入侵马兰峪。由沙岭儿寨九里至鲇鱼石关，正关通大举，其东西墩，空山险可通步，又四里平山顶寨，内外漫通马步，冲。”（清光绪《遵化通志》卷十四·舆地·关隘）本书卷六建置篇中提到了清朝时这里的军事设置：在清朝时，鲇鱼关的军事地位与明朝时比起来，已经不是十分重要了，但是由于清圣祖玄烨在鲇鱼口关城内建起了皇帝行宫，所以这里的地位也不容忽视。它属于马兰镇标左营管辖，设“把总一员，守兵八十八名，马二匹。每岁赴通永道库领给养，廉俸饷米折马干等银一千五百二十四两。炮六尊，火药铅子三百四十二斛五两三钱四分”。可见它的军事力量的设置是比较雄厚的。

鲇鱼关不但关口险峻、地势冲要，而且风景秀丽。到了清朝时，由于蒙古各部已入国家版图，长城内外均已成为祖国内地，所以长城也就在军事上失去了它重要的战略地位。在清初，明代修建的长城，已经坍塌倾圮了许多。但是在这个时候，鲇鱼关口隘却因修建了圣祖玄烨的行宫，不但主要的建筑物得以保留，而且守卫在这里的官员们也受到了最高统治者的重视。

清圣祖驻跸汤泉期间，曾经先后两次接见鲇鱼口把总张守奎。按照清代官制，绿营把总不过是一名仅有七品职衔的武官，并且绿营是由汉人组成的军队，并不如满族八旗兵那样受到朝廷的重视。而张守奎却能够在康熙二十七年、二十八年两次享受到被皇帝破格接见的殊荣。由此可见，由于鲇鱼池行宫的兴建，鲇鱼池这个关口的地位，在清朝时更显示出其重要性，清室对它的重视程度是非常高的。

鲇鱼关不但关口险要，而且这里的风景也令当时的人们十分赞赏。乾隆年间守卫清东陵的马兰镇总兵布兰泰，还将鲇鱼关口的“鲇石来游”列入“清东陵八景”中。布兰泰这样描写道：陵区东十余里处，有一关口，关门西侧有一块山石，高五尺，长丈余，如同一条鲇鱼，横卧关上，在水中游动。水流从“鲇鱼石”上跌宕而下，形成一挂天然瀑布。此关因石而得名，称鲇鱼关。

清初，京东地区成为皇帝的猎场。清世祖福临和清圣祖玄烨都曾到京东地方打猎。清圣祖玄烨在行猎之时，曾经写有诗篇，称道鲇鱼关附近的风土人情。诗云：

巉岩瀑布挂前川，树冷烟寒羃碧天。
关外黎民风俗厚，涵濡威德已多年。

一首七绝，写出了鲇鱼关的山光水色以及淳朴的民情，更表露了康熙皇帝恩威并用、驾驭天下的雄心。

玄烨为什么在汤泉行宫之外另建一座行宫？这在正史中找不到相关的记载。而在当地的民间传说中，却有一个听来颇为有趣的故事。

据说，玄烨在行猎京东的时候，来到了遵化州汤泉西侧 2.5 千米左右的鲇鱼口关。他看到这里群山风光秀丽，河流波光潋滟，一时竟然流连忘返。恰在此时，他见到在鲇鱼池村中有一村姑正在推碾子。玄烨抬眼看去，见这一村姑容貌姣好，有沉鱼落雁之容，闭月羞花之貌。一身朴实的农家服装，更是显露出她天然秀丽、清水出芙蓉之美。霎时，他忘掉了自己九五之尊的身份，被村姑的美貌所吸引。

见到皇帝这副样子，随行的大臣们都觉得十分好笑，又深感皇帝的行为实在有失天子的尊严。可是，在这众目睽睽之下，又不好直白地对皇帝进行劝谏。其中有一位大臣，平时就非常机智诙谐。此时，他灵机一动，向皇帝发问说："万岁爷，您说这世间什么力量最大？"玄烨一时没有听明白那位大臣话中的含义，就随口答道："皇上的力量最大!"那位大臣追问："为什么皇上的力量最大？""因为皇上有排山倒海之力!"可是那位大臣听了这句话之后，却连连摇头，说道："依臣之见，还是女人的力量最大。""为什么？"那位大臣以幽默的口吻说："女人的力量最大。您看，她把龙脖子都给坠弯了!"听了大臣的话，玄烨也觉察到自己的失态，只好怏怏不乐地回到了汤泉行宫。但是，对于这位绝色美女，玄烨仍然无法忘情，最后终于把她接入汤泉行宫。

后来，皇帝就鲇鱼池地方建起了一座行宫，又因这位女子喜欢吸旱烟，于是又在鲇鱼池城外赐给村姑一亩三分地，用来种植烟草。

当然，这些都是野史传说，不足为凭。但是清圣祖在鲇鱼口关城内建造行宫，却是一个铁的事实。

鲇鱼石关城，明朝时即已存在。戚继光所著《重修汤泉乞文叙事》一文中，有"乃辛未春三月，边警不作，驻师鲇鱼石城"的记载。现在，鲇鱼池城还残留着几段残垣断壁，旧时所建城墙的遗迹还可以找到。

鲇鱼池石头城残部

这些破旧的城墙，似乎还在向世人诉说着那遥远的岁月中曾经发生过的故事。

经过实地测量，鲇鱼池城南北长约 147 米，东西宽约 251 米，残存的城墙墙基宽约 6 米。

据当地群众回忆，鲇鱼口关城南面、东面和西面，各建有一座城门，其宽度约在 3 米左右。整座鲇鱼口关城的东南、西南、西北三个角都建成直角，而东北角却建成了圆角。对于其原因，目前尚未找到相关的资料来说明。鲇鱼口关的城南门外，还建有一座影壁墙。

鲇鱼口关的墙体都是用鲇鱼口关本地所产的豆渣石砌成，非常坚固。在石头墙体的外面，还包有砖墙。这一层砖墙，在早年就被人拆掉了。而内层的豆渣石墙体，据村民说，基本上是在 20 世纪 70 年代修建上关水库时拆毁的。

今天，除部分残存的墙体外，鲇鱼城内还遗留有一座旧衙门。这座旧衙门，包括一座三间正房和一座三间东厢房。除房上由原来覆盖黄柏草改为覆盖水泥瓦以外，其主体梁架和土坯墙均为旧物。这两座清代建筑物体量低矮，看来不会是清朝皇帝的行宫。在清朝，这里守将的职务为把总，此处很有可能是一座把总办事的衙门。

5．流杯亭与曲水流觞

六角杯亭

六角杯亭也是遵化汤泉一座重要的建筑物。杯亭也叫觞亭，在洗浴之处建杯亭，是我国建筑历史上的一个悠久的传统。

清乾隆时修纂的《直隶遵化州志》、光绪时修纂的《遵化通志》等旧志书，将六角杯亭的初建时间定在唐贞观五年（公元 631 年）。对于这一说法，目前尚且没有其他史料可以证明。此后六角杯亭的维修，也未见相关的史料记载。到了明神宗万历五年，戚继光任蓟镇总兵时，曾经对汤泉水池进行挖浚清理。当时，顺便将旧有的杯亭进行了重修。清朝时虽然没有对其进行修缮的记载，但因清朝皇帝一再驾临，肯定也曾经对它进行过维修。

清亡以后，流杯亭无存，其原因不详。民国十九年（1930年），据说曾经进行了重建。1952年，又对流杯亭进行了彩画。这次重修修饰，将原有的金线苏式彩画改为墨线彩画。1993年9月1日至10月31日，由遵化市文物管理所组织，遵化市政府出资人民币15 000元，对流杯亭进行全面维修。此次修缮，由清东陵文物管理处古建工程队进行施工。这一次维修，共进行了以下几个项目：

木构件处理：揭瓦檐头，更换已经糟朽的连檐、飞头。

屋顶处理：（1）配齐走兽、仙人，更新仙人盘子6只，套兽6只，勾头120只，滴子130只；（2）对盖瓦加帮捉节。

彩画处理：（1）清除原有地仗，为了彩画的坚固耐久，将原有的素灰地仗改为二布五灰地仗。彩画按照1952年重做时的做法，外檐绘制黄线苏式彩画，内檐绘海漫苏式彩画。在重新绘制过程中，因原有的彩画题材已经漫漶不清，所以对纹饰图案进行了重新设计；（2）天花雀替和蹯龙上的图案，按照原来的样式进行添染。

1993年进行重修后的汤泉流杯亭，与民国时期遗留下来的杯亭相比较，其规模基本一样。杯亭样式为单檐、六角、布瓦攒尖顶式。

根据重修时的档案资料可知，六角杯亭每面面阔2.82米，六根木柱均高2.89米，柱径0.26米，上檐挑出1.05米，梁枋上没有斗拱和吊挂楣子、花牙子。每只柱子上雀替2只。南北两面不置坐凳，其余六面均有坐凳。檐部在檐椽上置飞椽，翼角五翘。老角梁以搭交行头承托仔角梁前置套兽。屋顶上覆盖灰色布瓦，勾头和滴子上的图案都是荷花纹饰。杯亭有六条戗脊，顶尖上置汉白玉石宝珠一颗，枋心上饰苏式彩画。图案纹饰有楼台、殿阁、花卉、山水等。天花板和坐凳均为红色。亭内顶上盘龙以红色和蓝色添染。

重修后的杯亭，至今仍保持着其美丽的身姿。

曲水流觞意趣浓

流杯亭的意趣在于曲水泛杯。曲水泛杯，也叫曲水流觞。流杯或流觞，自然就离不开水。而在汤泉附近建亭以流杯，借天然之热水来温酒，就更加显得意趣盎然了。

上图：曲水流觞

下图：曲水流觞

曲水流觞的习俗，起源于周朝。远在周朝，就有青年男女到水滨嬉游、沐浴的习俗。嬉游之时，“置酒河曲”，借水的流动使得酒杯随水流漂动，“因流水以泛酒”。古人认为这样做可以清除不祥。周朝和汉朝时，此种活动多在春季和秋季举行，称为“春禊”和“秋禊”。汉朝以后，人们将这种活动的日期固定在每年春季三月的第一个巳日，即三月上巳日。

何谓“上巳日”？古人以天干地支相配，以纪年、纪月、纪日、纪时。天干即甲乙丙丁戊己庚辛壬癸，地支即子丑寅卯辰巳午未申酉戌亥。三月上巳日，即每年三月上旬的第一个有地支“巳” 的日子。魏晋以后，又将春禊之日固定在每年农历的三月三日。后来人们就在这一天引水使之环曲成渠，流觞取饮，相以为乐。

关于三月三日曲水节，晋武帝司马炎曾向其臣下询问过它的起因。

在朝堂之上，晋武帝司马炎先是向尚书挚仲治问起此事：“三月三日曲水节，所取的是什么意义呢？”挚仲治的回答是：“汉章帝的时候，平原地方有一个叫徐肇的人。他在三月三日，生下了三个女儿。过了三天，这三个女儿却在同一天都死去了。全村的人都认为这是一个怪异的事，于是就相约一齐到河边去洗浴，以去除不祥，这就是曲水节出现的原因。曲水流觞的本义，也就是起源于此！”而晋武帝司马炎却不同意这个说法。他说：“要是像你这样说的话，曲水流觞的习俗，应该是一个非常不好的习俗！”这时尚书郎束晰对武帝解释说：“挚仲治是一个无知的小孩子，他哪里知道曲水节的真实意义呢？请皇上允许我说一说其中起源！”

在得到晋武帝的允许后，束晰这样解释说：“过去，周公姬旦于洛阳建造城池，在洛水之滨漂流酒杯为戏，所以古诗中有‘羽觞随着河水向东流去’的句子。还有，秦昭王于三月上巳日，在河水弯曲处漂流酒杯。看到一尊铜人从深水处出现，手捧一柄利剑献给秦昭王，并告诉他说：‘现在您称霸在中国西部，不久秦国就会称霸诸侯！’于是秦昭王就把这里定为曲水流觞之处。西汉和东汉都沿袭了曲水流觞这个习俗，所以两代帝王都建立了千秋大业。”尚书郎束晰的解释得到晋武帝的赞许。于是，晋武帝便赐给束晰黄金五十斤，而挚仲治因为回答得不合乎武帝的要求，而被左降为阳城县令。（见《太平广记》卷一九七）

曲水流觞的习俗之所以能够广为流传，主要是由于这种风俗符合卫生习惯。人们在经历一个冬天的室内蛰居之后，要在春暖花开的季节到郊外野游，呼吸新鲜的空气，实在是一个健身益智的好机会。而此时如果洗浴浸泡，更是有益身心之举。所以《后汉书·礼义志》中说："是月上巳，官民皆洁于末流水上，曰洗濯祓除，去宿垢痰，为大洁。"这正是洗浴举行曲水流觞活动的本意所在。

汉魏以前，曲水流觞不过是一项礼仪，人们进行这项活动，纯粹是出于习俗的考虑。而晋室东渡之后，清谈之风盛行，曲水流觞成了文人之间一种雅气十足的聚会。晋穆帝永和九年（公元 353 年），东晋名士王羲之邀请谢安、孙绰等社会名流和文人雅士相聚兰亭，出席者达 42 人之多。这次聚会，共有 26 人当场赋诗，得诗 41 首。这些诗汇辑成册，编成《兰亭集》。《兰亭集》全书之前，又有著名书法家王羲之所作的序言，即有名的《兰亭集序》。自此以后，曲水流觞、饮酒赋诗成为帝王贵族、文人骚客聚会的一种高雅盛事。

不但在汉族的习俗中，而且在一些少数民族中，曲水流觞也被视为一种高尚的游乐。

《辽史》中有这样的记载：辽兴宗耶律宗真于重熙五年（公元 1036 年）夏四月"甲子，幸后弟萧无曲第，曲水泛觞赋诗"。(《辽史》卷十八·兴宗本纪）可见，在契丹族中，曲水流觞也是社会高层交往中一种为人所看重的游戏。

在此种习俗的影响之下，遵化汤泉也成了各朝雅士文人兴会之所。明以前的歌颂遵化汤泉的诗歌，在旧志书中未见记载。但是，绝不会没有文人骚客在这里赋诗填词，以颂遵化汤泉胜景。不过是因年代久远，而使得这些诗词歌赋被时间尘封了。

明朝时，曾有一些当时著名的诗人、戏剧家和官宦到遵化汤泉洗浴。他们在享受着天赐热水所带来的舒适的同时，也奋笔直抒胸臆，歌颂大自然留下的遵化汤泉这一奇观，称赞了这里的天然美景。

清康熙二十年，清圣祖玄烨在祭奠孝诚皇后赫舍里氏的陵寝，即后来的景陵以后，又在马兰峪传旨，赐随驾的群臣游览汤泉。圣祖玄烨在赐众臣下于遵化汤泉洗浴以后，又向众臣说明了修缮汤泉行宫的本意。在享受了惬意的洗浴和热气的薰蒸之后，君臣又齐集流杯亭内，以酒杯置于豆渣石凿成的曲槽中，视酒杯之行止，君臣共同饮酒作诗以为乐。此次曲水流觞、饮酒赋诗的参加者都是一些朝廷重臣。包括大学士明珠在内，共有 22 人。

上图：兰亭

下图：清大学士纳兰明珠

这些人主要是：大学士明珠，应制经筵讲官、都察院左都御史徐元文，太子太傅、户部尚书、保和殿大学士加三级李霨，经筵讲官、礼部尚书加二级吴正治，刑部尚书魏象枢，日讲官、起居注、詹事府詹事、翰林院侍读学士加礼部侍郎沉荃，工部尚书朱之弼，日讲官、起居注、翰林院学士兼礼部侍郎张英，大理寺卿张云翼，日讲官、起居注、翰林院侍读学士加二级、加詹事府詹事蒋弘道，经筵日讲官、起居注、翰林院掌院学士兼礼部侍郎加一级、教习庶吉士库勒纳，户部尚书梁清标等。

在这次汤泉休沐过程中，玄烨除赐群臣沐浴汤泉之外，还命大家在六角杯亭泛觞饮酒，行令赋诗。仅这一次，就留下众位大臣们所写的应制诗 50 首之多。

这一次君臣聚会，洋溢着其乐融融的祥和气氛。玄烨在后来所作的《温泉流杯戏作》一诗中，表达了这种君臣融洽、上下和睦的场面给自己带来的欢快心情："晓霜早落满池清，一气涓涓惬胜情。偶坐浮杯几暇日，君臣对景论平生。"玄烨利用处理政务之暇，在汤泉流杯亭与群臣相互切磋诗句，既有益于身体健康，也培养了君臣间的感情，真是一举两得的好事。

三、历代帝王与汤泉

1. 中华处处有温泉

远古史籍中的汤泉

我国幅员辽阔，是一个多汤泉的国家。锦绣中华大地上，从南到北，到处都有热气腾腾的温泉水奔流不息地流淌着。

而对于这天赐的温泉，我国的古人在很早的时候就开始加以利用。《山海经》中就有关于汤泉利用的记载。它记叙着关于人们饮用温泉水之后会长生不老的传说。《山海经》一书，大体是战国中后期到汉代初中期的楚人或巴蜀人所作，西汉时的著名文人刘歆对其进行整理。书中所记的内容，包容量广大，有横跨欧亚大陆之势，但是许多篇章又均有明确的史实可考。《山海经》一书，光怪陆离，气象万千，而它所记的一些事情，又发人思考，所以世人将它看作是一本奇书。

其实，饮温泉水而不老不死的说法，在《山海经》以后的古籍中，也时有记载。《括地图》中写道："负丘之山，上有赤泉，饮之不老，神宫有英泉，饮之，眠三百岁乃觉，不知死。"《十洲记》说："瀛洲有玉膏，山出泉如酒味，名为玉酒。"

《水经注》记载的温泉

到了南北朝时期，著名的地理学家郦道元对汉朝时人所著的《水经》一书进行注解，写成了流传千古的《水经注》。在《水经注》中，除了记载一些常见的河流、泉水之外，还记载了各地的温泉，其数量达到 31 个之多。郦道元把这些温泉按照泉水的温度进行等级划分，依次为“暖”“热”“炎热特甚”“炎热倍甚”“炎热奇毒”。

其暖者，如汜水之温泉，“汜水又北合鄤水，水西出娄山，至冬则暖，故世谓之温泉”。（《水经注》卷五·河水）其热者，如祁夷水温泉，“祁夷水又东北，热水注之，水出绫罗泽，泽际有热水亭，其水东北流，注祁夷水”。（《水经注》卷十三·㶟水）其炎热特甚者，如滍水温泉，“温泉水注之，水出北山阜，七源奇发，炎热特甚”。（《水经注》卷三十一·滍水·淯水）其倍甚诸汤者，为大翮山、小翮山温泉，“此水炎热倍甚诸汤，下足便烂人体”。（《水经注》卷十三·㶟水）其炎热奇毒者，如鲁阳县的温泉，其水“如沸汤，可以熟米”。（《水经注》卷三十一）而遵化的汤泉，属于“炎热倍甚”这一类型，“养疾者不能澡其炎漂，以其过灼故也”。（《水经注》卷十四·湿馀水·沽河·鲍丘水·濡水·大辽水·浿水）而其中还有一种最为奇特的温泉，此汤泉即是《水经注》卷三十一“涢水”条所记载的今湖北应城县境内的涢水温泉。这眼水泉，“口径二丈五尺，垠岸重沙，端净可爱，靖以察之，则渊泉如镜，闻人声，则扬汤奋发，无所复见矣”。《太平御览》一书中写道：人们到达汤泉跟前，“一有声则沸从下出，不可止”。《太平寰宇记》载：“温泉在应城县西南，人静则泉清，人闹则泉沸。”这里的汤泉，在没有听到人声时，其安静如同处女；而一闻到人们的喧闹声，热水勃然而发，竟然从地下喷涌而出，真可称得上是天下奇观。

《水经注》一书中还对各个温泉的特点、矿物质、生物等情况进行了比较详细的叙述。在其记载中，有的温泉含有硫磺气，这一类型的温泉较多。如汉水温泉，“水发山北平地，方数十步，泉源沸涌，冬夏汤汤，望之则白气浩然，言能瘥百病云，洗浴者皆有硫黄气”。（《水经注》卷二十七·沔水）有的有盐气，如夷水温泉，“父老传此泉先出盐，于今水有盐气。夷水有盐水之名，此亦其一也”。（《水经注》卷三十七·淹水·叶榆河·夷水·油水·澧水·沅水·泿水）有的泉中有鱼，如云水温泉，“水出县北汤泉，泉源沸涌，浩气云浮，以腥物投之，俄顷即热。其中时有细赤鱼游之，不为灼也”。（《水经注》卷三十八·资水·涟水·湘水·漓水·溱水）

《水经注》还多次提到温泉可以“治百病”。如高氏山的温泉水“其水温热如汤，能愈百疾”，昌平温泉“疗疾有验”，桥山温泉“能治百疾”，

上图：腾冲温泉

下图：宋李昉《太平御览》

因此使得到这里来的人如同百水归川。在这里，作者真实地记载了温泉的保健作用。又如大翮山“右出温汤，疗治百病”，“温水出太一山，其水沸涌如汤。杜彦达曰：‘可治百病。’”但是大翮山温泉的疗效，却与世道的清浊有着密切的关系：“世清则病愈，世浊则无验。”这又颇有些神奇的色彩。《水经注》中所记载的温泉，有许多都能够治百疾，疗恶疮、去痌疾、救瘙痒、杀三虫。这些记载，都说明早在北魏及更早的时间，人们对温泉的医疗价值就已有了相当深刻的认识和研究。

2．古人对于温泉的利用

前秦时期温泉浴

我国对于汤泉的利用，根据考古发掘发现，最早可以追溯到仰韶文化早期。

20 世纪 80 年代初期，陕西省文物局对唐离宫华清宫遗址进行了大规模发掘。此项发掘从 1982 年开始，至 1995 年结束。通过发掘，弄清了史前及历史时期各朝代对骊山温泉的开发利用情况。

在华清池文化层中，其最下层的是史前时期的仰韶文化层。从出土的石器、陶器来看，与附近姜寨仰韶文化早期相同，并发现有用石块砌筑的水源遗迹，表明早在 6700 年前，骊山温泉已被姜寨先民用来沐浴、洁身和疗疾了。仰韶文化层之上，是商周文化层。在商代，这里是古骊国的聚居地，有商文化遗物的出土，表明古骊国先民也曾对骊山温泉加以利用。

自周文王姬昌时起，周就在丰镐地方建立了国都。此后，随着周王朝国力的增强，骊山下的温泉也开始被利用起来。通过《史记》中的记载，我们可以看到，周幽王时就已经在这个地方有各种活动。其中最主要的就是军事行动。通过对华清池的发掘，可知周幽王在位的时候，在这里建起了供周王休沐的离宫，还修建了露天的浴池。因为这个浴池上无尺栋遮盖，下无环墙缭绕，人们能够在洗浴时看见天上的日月星辰，所以这座浴池被命名为“星辰汤”。周幽王和褒姒经常在这里游乐，这里还发生了褒姒一笑千金的故事。

进入春秋战国时期，大概是各诸侯国的君主们都在忙于征战，热衷于从别国争夺人口，拓展疆土，所以我们未见到在史籍中有诸侯君主与温泉相关的记载。而当时的一些文人雅士，却能够尽情地享受大自然带来的无穷乐趣。《论语·先进篇》中，就有洗浴温泉的记载。孔子的弟子曾点在回答夫子的问话时，抒发了自己的志趣："莫（暮）春者，春服既成。冠者五六人，童子六七人，浴乎沂，风乎舞雩，咏而归。"在春季将结束的时候，穿着春季的服装，带领着五六个青年和六七个少年儿童，到有温泉的沂水之旁进行洗浴之后，在风中且歌且舞，然后心满意足地归去。这是何等惬意的事情啊!听了这些话，难怪连孔夫子都羡慕地说："我的志向和曾点的志向是一样的!"

秦皇汉武幸温汤

战国末期，秦始皇以武力平定六国、统一天下以后，在咸阳宫建有御用的高级浴室，室内有浴池、取暖的壁炉、大型地漏及排水管道等，此外，宫中还建有供妃嫔使用的大浴室。

除了在皇宫内建造浴池，在为自己修建骊山陵墓的同时，秦始皇又在骊山之阴的温泉"砌玉起宇，名骊山汤"，还在这里修建了行宫，以供自己疗疾之用。从当时的传说中我们可以推测，秦始皇修建骊山行宫，就是为了治疗自己脸上的恶疮。南北朝时期北魏地理学家郦道元在《水经注》卷十九渭水条记载道："《三秦记》曰：丽山西北有温水，祭则得入，不祭则烂人肉。俗云：始皇与神女游而忤其旨，神女唾之生疮，始皇谢之，神女为出温水，后人因以浇洗疮。"从这一则记载中，我们可以看出，秦始皇帝修骊山温泉行宫的真实原因，是为了在这里洗浴疗疾。秦始皇在骊山汤"洗疗疮疾，不日即愈"。至于始皇脸上长疮的传说，则是由人们对秦始皇极度厌恶而生出的故事，寄托了当时人们普遍的思想情绪。

汉武帝刘彻在秦始皇汤池的基础上再加扩建，在骊山修建了汉离宫。当时除了汉朝皇帝和达官贵族外，还有非常多的人到骊山温泉来洗浴。

东汉和帝刘肇永元十年（公元 95 年），年仅 18 岁的张衡到京城长安三辅进行游历，看到骊山汤泉游人如织的盛况，不禁文兴大发，提笔写作了一篇脍炙人口的文章，名为《温泉赋》。他在文章中写道：

上图：孔子浴沂处

下图：汉武帝塑像

阳春之月，百草萋萋。余在远行，顾望有怀。遂适骊山，观温泉，浴神井，风中峦。壮厥类之独美，思在化之所原，美洪泽之普施。乃为赋云：览中域之珍怪兮，无斯水之神灵；控汤谷于瀛洲兮，濯日月乎中营；荫高山之北延，处幽屏以闲清。于是殊方跋涉，骏奔来臻。士女晔其鳞萃兮，纷杂嘫其如烟。

乱曰：天地之德，莫若生兮。帝育蒸人，懿厥成兮。天气淫错，有疾疠兮。温泉汩焉，以流秽兮。蠲除疴慝，服中正兮。熙哉帝载，保性命兮。

张衡的这篇赋文流传千古，并且为历代研究温泉功效的人们一再地引用。其中“天气淫错，有疾疠兮。温泉汩焉，以流秽兮。蠲除疴慝，服中正兮”，是写天地间阴阳的失调，使得人们产生了疾病；而又是这天赐的温泉水，洗去了人们身上的病疠；帮助人们除掉了那些不好的东西，又使得人身上充盈着中和之气。

从张衡的文章中，我们还可以想见当时骊山温泉万人来游的盛况。“殊方跋涉，骏奔来臻。”远方的人们骑着骏马，经过长途跋涉来到这里。京师三辅的仕女，也纷纷离开家门，到骊山游览，使这里呈现出一派“士女晔其鳞萃兮，纷杂嘫其如烟”的繁华景象。远方的人们千里迢迢地到骊山来洗浴，长安近地的仕女们也穿着华丽的衣裳，纷纷聚集到骊山，使得骊山脚下出现了花团锦簇的繁盛场面。张衡笔下的骊山温泉展现给我们的，是一个万人相聚、摩肩接踵、挥汗如雨的境况。这是两汉时期骊山温泉为万人瞩目情形的真实写照。

汉代对于汤泉的利用，还不止于都城长安附近的骊山温泉。除骊山汤泉之外，其他的温泉也为人们所喜爱和利用。如汉水温泉，“赴集者常有百数”。(《水经注》卷二十七·沔水)

又如河南广成川，因其地近东汉的都城洛阳，并且在川原之上有许多的温泉，而被列为汉代一个重要的狩猎场所。广成作为猎场，创建于汉朝初期。东汉安帝刘祜永初元年（公元 107 年），朝廷将广成这块用于皇家游猎的地方借给贫民，以此为其生存之计。

东汉经学家马融曾经写过一篇《广成颂》，其中写道：“大汉之初基也，揆厥灵囿，营于南郊。右峦三涂，左枕嵩岳，面据衡阴，背箕王屋；浸以波溠，演以荥洛。金山石林，殷起乎其中；神泉侧出，丹水涅池，

上图：黄山朱砂泉

下图：东汉桓帝

怪石浮磬，燿焜于其陂。”在这篇颂文中，马融以简要的文字，为我们介绍了广成川游猎地的建成时间和地理形势，使我们对汉朝为什么以这里为狩猎场有了一个充分的认识。东汉桓帝刘志曾于延熹元年（公元 158 年）校猎广成川，并在这里洗浴温泉。据《水经注》记载：广成地方，“温水数源，扬波于川左泉上，华宇连荫，茨甍交拒，方塘石沼，错落其间”。（《水经注》卷二十一·汝水）这里既有高可遮阴蔽日、连成大片的华丽殿宇，又有体量低矮、茅草盖顶的小型房屋。在汤泉区内，用石头砌成的方形浴池和水塘随处可见。从《水经注》的这段描述性的文字中，我们可以想象出广成川汤泉在汉朝时候的繁华与热闹。

除了利用天然温泉洗浴，中国的历代帝王还会造出人工的温水来浸泡自己，甚至还会过着荒淫无耻的生活，以此来满足自己的奢侈欲望。

东晋王嘉《拾遗记》中，就记载了两个这样荒淫无道的帝王。一个是东汉末期的灵帝刘宏，一个是五胡乱华时的匈奴人后赵石虎。他们都把拥有宫中沐浴的条件，当作宣淫夸侈的手段。

东汉灵帝刘宏，在汉朝行将灭亡的情况下，预感到自己的统治不会长久，于是就通过卖官鬻爵等手段来极力搜刮钱财。为了满足自己奢靡的生活欲望，他命人在东京洛阳西园建起一座拥有多达一千间房屋的“裸游馆”。馆舍之内，建有许多浴池。其中用沟渠引水，通过弯弯曲曲的管道，将热水注于各池之内。在各池间，又有宽阔的水道相连通，以至在池水上可以荡桨行舟。

每到炎热的夏天，汉灵帝就簇拥着一批年纪在十四至十八岁之间的宫女，来到这里避暑。这些宫女“皆靓妆，解其上衣，惟着内服”，泡在浴池中。浴汤中煮有西域进献的茵墀香，宫人浴罢，余汁随渠流出馆外，香气四溢，被人们称为“流香渠”。后来，这座“裸游馆”被攻入京城的董卓放火烧毁了。

另一个是后赵国君石虎。他在邺都（今河北临漳西南）宫中营建的澡堂更是奢靡。《拾遗记》卷九又记载：石虎建造“四时浴室”，用鍮（tōu，黄铜矿或自然铜）碔砆（wǔfū 似玉的石头）为堤岸，以琥珀为瓶勺。夏则引渠水以为池。池中皆以纱縠为囊，盛百杂香渍于水中。严冬之时，又铸弯屈的铜龙数条，每条重达数十斤，烧成红色后，将其投入水池中，于是池中的水就保持着恒温的状态。石虎将这种做法取名为“燋龙温池”。又用绣着凤凰纹饰的彩锦做成屏障，以此来遮蔽洗浴场所。石虎同那些深受宠幸的宫人，解开身上的亵服，在池中胡作非为，以至于通宵达旦。石虎把此处命名曰“清嬉浴室”。宫人浴罢之后，将污水流泄到皇宫之外。由于浴池中泡满了香料，所以这些污水流出宫院之后，到处飘着香气，因此当时人将这条泄水沟称为“温香渠”。

后赵败亡后，石虎所建的浴池被泥土淤塞，但浴池中的遗物在一段时期内还可以看到。邺城还有一些遗存下来的铜屈龙（即龙形铜铸件）。这些遗留下来的铜龙，烧热以后投入水池中，在技术上解决了人工浴池在冬季使用时的水温问题，所以石虎的浴室号为“四时浴室”。早已散佚的东晋陆翙所撰《邺中记》对石虎的浴室也曾经有过记述，《太平御览》卷三九五保存了《邺中记》一条内容，其中还谈到了石虎皇后的浴室：“石虎金华殿后，有虎皇后浴室三间，徘徊及宇，栌檘隐起，彤采刻缕，雕文粲丽。……又显阳殿后有皇后浴池，上作石室，引外沟水注之室中，临池上有石床。”为了方便起居，在一些宫殿的后面建筑各自的澡堂，这是宫廷浴史上的一个发展。

进入北周以后，大文学家庾信用华丽的语言，写下了一篇《温汤碑》文。其文曰：

> 咸汤浴日，先应绿甲之图；砥柱浮天，始受玄夷之命。仁则涤荡尘氛，义则激扬清浊。勇则负山余力，弱则鸿毛不胜。仲春则榆荚同流，三月则桃花共下。其色变者流为五云之浆，其味美者结为三危之露。烟青于铜浦，色白于铅溪。非神鼎而长浮，异龙池而独涌。洒胃湔肠，兴羸起瘠。秦皇余石，仍为雁齿之阶；汉武旧陶，即用鱼鳞之瓦。山间涌水，实表忠诚。室内江流，弥彰纯孝。岂若醴泉消疾，闻乎建武之朝；神水捐疴，在乎咸康之世？嵩岳三仙之馆，不孤擅于天池，华阴百丈之泉，岂独高于莲井？

从碑文“秦皇余石，仍为雁齿之阶；汉武旧陶，即用鱼鳞之瓦”的文字中，我们知道，早在秦始皇时期，骊山温泉已经有了条石垒砌的建筑物，文中所说的“雁齿”，即是指台阶一类的建筑物。从这里可以推断出，秦始皇时就曾在骊山温泉建造浴池等石构造的建筑物。而鱼鳞之瓦，是指屋瓦的形状像是鱼鳞。汉武帝刘彻时，骊山的温泉就有了浴室和宫殿。而秦皇汉武时期遗留下来的条石、筒瓦等建筑材料，又被后人利用

上图：铜龙

下图：庾信文集

来建造浴池和宫殿。而以下的两句话——“岂若醴泉消疾，闻乎建武之朝；神水捐疴，在乎咸康之世？” 表明在东汉光武帝刘秀建武年间（公元 25—56 年），人们已经开始利用甘美的温泉水来消除身上的疾病。据《后汉书》卷一・光武帝纪一：建武中元元年，“是夏，京师醴泉涌出，饮之者固疾皆愈，惟眇、蹇者不瘳”。咸，是指晋武帝年号“咸宁”；康，则是指晋武帝年号“太康”。咸宁、太康二者虽在表面上说的是晋武帝司马炎时期，实际上是在指西晋和东晋两个时期。这句是说：“神奇的温泉水，在两晋的时候，就被用来洗去身上的疾病。”大文学家庾信在《汤泉碑》碑文中，一笔带过了数百年的历史。建武年间，史书上有醴泉疗疾的记载，咸、康之世，以温泉治病，想来也应该实有其事。可见，在古代社会，浸泡温泉始终是中国人，尤其是那些封建帝王们祛疾除病的重要方法之一。

与庾信同一时期，还有另外一位著名的文人，叫作王褒。在他所作的《温汤碑》中，对于汤泉的疗效，也有所叙述：“故以地伏流黄，神泉愈疾云云。其铭曰：挺此温谷，骊岳之阴，白矾上彻，丹沙下沉，华清驻老，飞流莹心，谷神不死，川德愈深。” 北齐时期的刘逖，也曾经写过一首《浴汤泉》诗，其中道出了温泉水治疾的妙用：“骊岫犹怀玉，新丰尚有家。神井堪销疹，温泉足荡邪。紫苔生石岸，黄沫拥金沙。振衣殊未已，翻然停使车。”骊山岫和新丰都是指今天的华清池温泉，这些温泉堪称“神泉”。滚烫的温泉水，能够洗去人们的皮肤病，也能够驱除体内的淫邪之气。正是这些神奇的泉水，使得人们停下急驶的车辆，在此振衣洗浴，以祓除不祥。

其实不仅是汉、晋，就是在社会纷乱的南北朝时期，封建统治者在战乱频仍之中，也没有忘记到温泉去享受大自然带来的快乐。庾信的《温汤碑》、王褒的《温汤碑》两篇碑文都写成于这一时期，这并不是偶然的。碑文中除了反映历史上的旧事，也曲折地反映了当时人们重视洗温泉浴的社会现实。关于这一点，我们从《魏书》和《周书》中，可以找到相应的记载作为佐证。

据《魏书》记载，北魏神瑞二年（公元 415 年），太宗（即明元帝拓跋嗣）“幸涿鹿，登桥山，观温泉”。“泰常七年（公元 422 年），如广宁，幸桥山。”公元 430 神䴥三年，北魏世祖（即太武帝拓跋焘）幸广宁，临温泉，作《温泉之歌》。太安四年（公元 458 年），北魏文成帝拓跋濬幸广宁温泉宫。这个温泉宫，疑即是《魏土地记》中所写的祭堂："下洛城东南四十里有桥山，山下有温泉，泉上有祭堂，雕檐华宇，被于浦上，石池吐泉，汤汤其下。"温泉上建有华丽的祭堂，可见当时的桥山温泉经常有皇家贵族临幸。《资治通鉴》中，还记载了北魏皇帝的另一次临幸桥山温泉："梁中大通五年，魏主狩于嵩阳，遂幸温汤。"中大通，是南朝梁武帝萧衍的年号，中大通五年是公元 533 年。此时的魏主，是北魏孝武帝元修。中大通五年，即是北魏孝武帝永熙二年。

北魏还曾在龙门县汤泉建造行宫。龙门"汤泉，一名鏊底汤，在县西南，赵州堡东南八里。元魏于此建温泉宫"。(《畿辅通志》卷六十五·舆地略二十·山川九)

北周保定三年（公元 563 年）五月，武帝宇文邕于庚申日幸醴泉宫，并在这里休沐。当年秋七月，朝中重要大臣、柱国、随国公杨忠薨逝时，武帝宇文邕仍然在醴泉宫休假，并没有立即回宫。直到戊午日，宇文邕才从醴泉宫返驾回到京城。宇文邕的这次醴泉宫休假，长达 77 天之久。

保定四年五月庚戌日，宇文邕再幸醴泉宫，这一次直到秋七月辛亥日，在休息了 62 天之后，他才离开醴泉宫。而次年，即保定五年，宇文邕于四月甲寅日第三次行幸醴泉宫，直到秋七月乙卯离开，又在醴泉宫休沐 62 天。这期间，武帝除了在醴泉宫休假，还处理了一些政务，醴泉宫似乎已经成了北周王朝的另一个政治中心。

在中国历史上，北周武帝宇文邕是一个比较有作为的君主。他在位期间，做了许多改革，如整顿吏治，释放奴婢，严惩隐瞒田地户口的豪强贵族，并注意发展生产，加强中央集权，积极训练军队。武帝还强迫佛道二教的教徒还俗，没收寺院的田产。他的这些措施，对北周的人力、财力和军力的增强，起到了积极的促进作用。建德六年（公元 577 年），北周武帝派兵灭北齐，统一了北方。自此，整个黄河流域和长江上游地区，都被北周统一了。武帝宇文邕统一北方，为隋文帝统一全国打下了基础。

北周宣帝宇文赟，一反其父宇文邕之所为。他继位后不久，即大肆淫乐。纳先帝之妃，采集天下女子以充后宫，强纳有夫之妇，役使四万人建洛阳宫，杜绝言路，犯下了种种罪恶。所以唐朝令狐德棻在撰写《周书》时，指斥宇文赟说："穷南山之简，未足书其过；尽东观之笔，不能记其罪。"(《周书》卷七·帝纪第七）这样一个残暴的帝王，也十分喜爱

上图：北周武帝宇文邕像

下图：华清宫

到温泉洗浴。史书载，大象元年（公元 579 年）十一月，即位仅有 9 个月的宇文赟，在传位给儿子宇文衍之后，也曾到骊山温泉进行洗浴。（《周书》卷七·帝纪第七）

华清温泉洗凝脂

南北朝后期，中国社会在经历了百余年的大动乱之后，终于又迎来了一个大一统的和平时期。北周的外戚杨坚夺取了静帝宇文衍的帝位以后，定都长安。从此，中国自东晋时期开始出现的分裂局面终于得到了统一，社会经济得到了一定程度的发展。在这种情况之下，隋朝的统治者对于汤泉的利用也开始更加频繁起来。他们不但把汤泉当成是休闲与娱乐的场所，有一些重大的仪式也在这里举行。

《隋史》中对于隋文帝驾幸温泉的事，从开皇九年（公元 589 年）开始有记载。

开皇八年，隋文帝派晋王杨广，即后来的隋炀帝，率军五十一万八千人，大举进攻南朝陈。次年正月，隋将韩擒虎、贺若弼分两路攻入陈的首都建康（今南京），陈后主陈叔宝被俘，陈亡。九年四月，隋文帝在骊山地方对奏凯归来的将士们进行犒赏。这是隋朝皇帝最早在温泉地方举行盛大仪式。开皇十四年（公元 594 年）十二月，隋文帝杨坚东巡，至齐州、泰山等地。归来以后，从开皇十五年十一月辛酉日起到乙丑日，在温泉地方休沐。此次杨坚前后在温泉驻跸五天。

隋文帝杨坚像

隋文帝杨坚的第五子杨谅非常受杨坚的宠爱。开皇元年（公元 581 年），杨坚夺得帝位当年，他就被隋文帝立为汉王，十二年又封为雍州牧，加上柱国，右卫大将军，在做了一年多的右卫大将军之后，又转为左卫大将军。开皇十七年（公元 597 年），杨谅受命为并州总管，管辖着自华山以东，东到大海，南至黄河的五十二州的地方。汉王杨谅临行前，56 岁的隋文帝以天子之尊，亲临温泉送自己的幼子上任。由此可见，隋文帝对于温泉是非常钟情的。隋文帝开皇三年（公元 583 年），隋文帝还命人在骊山汤泉植树造林，以美化温泉周围的环境，此次共“列松柏千株”。

进入李唐王朝时期，骊山温泉迎来了它的黄金时代。唐高祖李渊夺取隋朝的帝位后，于武德五年（公元 622 年）十二月丙辰日，校猎于华池。六年二月庚戌，幸温汤，壬午日，又校猎于骊山，唐高祖这次到骊山温泉洗浴，共历五天，到甲寅日离开骊山温泉。（《旧唐书》卷一·高祖）

唐太宗李世民为了建立大唐王朝征战多年，身患多种疾病，因此，他对能够治病的温泉十分钟爱。他即位后，于贞观四年（公元 630 年）“二月己亥，幸温汤”，丙午日离开温泉回宫，在骊山温泉前后休息了 8 天。五年十二月“壬寅，幸温汤”，次日到骊山狩猎，戊申日回宫。这一次，他在骊山温泉休沐了 7 天。十五年正月，借驾幸东都洛阳的机会，李世民又到洛阳附近的汤泉洗浴休息。贞观十六年十二月“癸卯，幸温汤”，同贞观五年一样，仍于次日狩猎于骊山。这次狩猎，还发生了一个小插曲。因在狩猎时天气大变，刮起了大风，一时间众兵士无法合围，致使猎物乘机脱逃。李世民在高山上看到后，心想这种情况是因为天气的原因，本想就此饶恕众人，可是又怕因此而致使军令不严。为了避免尴尬局面的出现，李世民遂回马躲到山谷之中。贞观十八年正月，唐太宗再幸温汤。这一年，他在这里新建“汤泉宫”。十九年他率师征高丽，途中到遵化汤泉洗浴，以除征途之疲乏。二十二年正月戊戌，李世民再幸骊山温汤，直到戊申日才还宫，这一次在温泉共住了 11 天。（《旧唐书》卷三·太宗下）

李世民第九子李治，即唐高宗继位以后，仍喜欢到温泉洗浴。永徽四年（公元 653 年）十月庚子，李治到陕西新丰温泉休沐，至乙巳日回京。此次休沐，前后共历 6 天。永徽五年三月，高宗李治到凤泉汤泉行浴。李治还写有《过温汤》诗。龙朔二年（公元 662 年）十月丁酉，李治以皇太子李弘监国，自己则车驾幸广成川温泉，丁未日自温泉回东都，在广成川温泉共休息 11 天。（《旧唐书》卷四·高宗上）仪凤元年（公元 676 年）二月丁亥，李治初次驾至汝州温泉。调露二年（公元 680 年），借到东都洛阳巡视的机会，李治于二月癸丑日再到汝州温泉休沐，至甲子日还驾东都，在汝州温泉滞留了 12 天。永隆元年二月癸丑，李治第三次到汝州温泉，五日后从汝州温泉至河南少室山。(《旧唐书》卷五·高宗下）此汝州温泉，即汉桓帝刘志曾经到过的广成温泉。

武则天以女主当政，建立了大周政权，自称皇帝。作为中国历史上唯一的一个女皇帝，她对于温泉浴的爱好，并不减于唐朝的男性皇帝。大周圣历三年（公元 700 年）腊月，她曾借到神都（即唐东都洛阳，武则天称帝后改东都为神都）巡幸的机会，到过汝州温泉，自戊寅日至甲戌日，在汝州温泉达 57 天之久。久视元年（公元 770 年）一月，武则天再幸汝州温泉，自丁卯日至戊寅日再至神都，共在温泉休沐 24 天。(《旧唐书》卷六·则天皇后）

在唐朝前期的皇帝中，唐中宗李显和睿宗李旦，都是命运多舛的人物。虽然他们在位时期都不长，但是在陕西新丰温泉和骊山温泉，却也都留下了他们的踪迹。

武则天被迫退位，李显在群臣推举之下重新登基为皇帝。但是，中宗李显重登皇位大宝，“不能罪己以谢万方，而更漫游以隳八政”。他没有励精图治，以求得国家的振兴，而是纵情声色，任意出游。他于景龙三年（公元 709 年）十二月甲午日驾幸新丰温泉，乙巳日自新丰温泉回京，在温泉住了 11 日。李显这次驾临新丰温泉宫，还赐大臣们浴汤池。为此，众臣工还纷纷献诗。上官婉儿也赋绝句三首进献，诗名为《驾幸新丰温泉宫献诗三首》。唐太宗第八子越王李贞亦有《奉和圣制过温汤》：

凤辇胜宸驾，骊籞次乾游。
坎德疏温液，山隈派暖流。
寒氛空外拥，蒸汽沼中浮。
林凋帷影散，云敛盖阴收。
霜郊畅玄览，参差落景遒。

唐景龙四年三月甲寅日，李显又与群臣在渭川上的杯亭内行修禊礼。修禊礼，即是在杯亭内饮酒赋诗的礼仪。(《旧唐书》卷七·中宗·睿宗）景龙四年六月，中宗韦皇后和帝女安乐公主鸩杀中宗皇帝。中宗李显被投毒身亡之后，韦皇后立李重茂为帝，改元“唐隆”。韦氏为皇太后，欲效法武则天临朝称制。(《旧唐书》卷七·中宗·睿宗）

当年六月庚子夜，临淄王李隆基起兵，诛杀了篡夺朝政的韦氏和武氏党羽，皇太后韦氏也被乱兵所杀。此后，临淄王李隆基拥立自己的父亲相王李旦为帝，后世称为睿宗。李旦在位仅两年的时间，便于延和元年（公元 712 年）八月将皇位传于皇太子李隆基，自称太上皇帝。当年改元为先天。先天元年十月，李旦行猎于骊山，行幸温泉；十二月，李旦又驾临新丰温泉，并在渭水之川行猎。(《旧唐书》卷七·中宗·睿宗)

李隆基继位之后，在开元年间由于励精图治、用人得当，重用宋璟、姚崇、张九龄等一班贤臣，终于将一个百孔千疮的大唐王朝建成了一个兴旺强盛的国家。于是中国历史上有名的“开元之治”出现了。

但是在统治的后期，由于天下承平日久，李隆基遂忘记了前车之鉴。尤其是在纳杨玉环为贵妃后，他更是专门以犬马声色自娱。为了满足杨贵妃的奢侈欲望，当时宫中供贵妃院役使的织绣工匠就达到 700 多名，雕刻、熔造工又达到数百人。杨贵妃的姊妹兄弟五人，竞相修建豪华的宅第。在这种情况之下，皇帝李隆基又日益生出奢侈腐化之心，开始追求享乐。据史书记载，玄宗看到国库中的财物无数，更加“视金帛如粪壤，赏赐贵宠之家，无有极限”。(司马光《资治通鉴》卷二一六）玄宗此时在朝中所任用的宰相，也都是一些奸邪之人，如李林甫、杨国忠等。

李林甫，世人称为“李猫”，是一个口蜜腹剑的人物。对于朝中正直、有才能的大臣，他都要极力排挤，设计除去。为了防止别人夺权，李林甫更想方设法，数次使参加科举考试的人全部落榜。他还对玄宗称贺说：皇帝广泛收罗人才，使得在野的人中，没有遗留下来的贤人了。就是这样的一个人，唐玄宗竟然信任了他一生。

杨国忠作为杨贵妃的堂兄，依仗着玄宗对杨贵妃的宠爱，在朝中更是飞扬跋扈，任意胡为。而李隆基对于杨国忠这样一个无德无才的奸佞，也是十分信任。杨国忠除了在朝中任宰相之外，还兼任四十余职。他整天在朝中发号施令，胡作非为，把朝政搞得更加黑暗。

而玄宗本人对于洗温泉浴，有着特殊的癖好。他从先天元年受父亲禅位，到天宝十五载禅位给自己的儿子肃宗李亨，前后共计在位 45 年。这 45 年间，他到汤泉的次数，综合《旧唐书》和《新唐书》的记载，共达 43 次、合计 1227 天之多。这 43 次到温泉洗浴、休闲，除了到新丰温泉 2 次、凤泉汤 3 次和河南洛阳附近的成川汤 1 次之外，其余的 37 次都是到骊山温泉。尤其是在他宠幸杨贵妃以后，更是沉湎于在骊山华清池泡洗温泉、陪伴爱妃的糜烂生活中。

霓裳羽衣舞雕塑

李隆基驾幸温泉，有记载的最早是在开元元年（公元 713 年）十月。他于八月接受父皇睿宗李旦禅位，仅仅不到两个月的时间，就以校猎为名，到骊山洗浴温泉，由此可见李隆基对温泉洗浴一事的热爱程度。

开元年间共历 29 个春秋，这期间李隆基虽然几乎每年都要到骊山、凤泉、新丰、广成，尤其是到骊山去洗浴温泉，但是每次在温泉驻跸的时间并不是很长。时间最长的一次是在开元二十一年（公元 733 年）正月至二月，他共在骊山温泉驻留了 31 天。在这一时期，玄宗还是一个励精求治的皇帝，颇思有所作为，能够任用贤能，并进行了一些改革，在朝中又有姚崇、宋璟、张九龄等一班正直朝臣执政，所以开元年间出现了一派兴盛景象。在这个时间内，唐王朝政局稳定，经济继续发展，被称为“开元之治”。杜甫在《忆昔》诗中，描绘了开元盛世的景象：“忆昔开元全盛日，小邑犹藏万家室。稻米流脂粟米白，公私仓廪俱丰实。”这个时期，不但物资供应丰富，而且社会秩序良好。人们外出不需携带防身的武器，所经的道路上，还备有酒食以接待行人。开元盛世不愧是值得人们怀念的一个政治清明的时代。

这一时期，唐玄宗到温泉行浴，在自身享受的同时，还能够以百姓之心为心，系念着万民的冷暖和饥渴。他的《幸凤泉汤》诗这样写道：

西狩观周俗，南山历汉宫。
荐鲜知路近，省敛觉年丰。
阴谷含神爨，汤泉养圣功。
益龄仙井合，愈疾醴泉通。
不重鸣岐凤，谁矜陈宝雄?
愿将无限泽，沾沐众心同。

李隆基的这首诗，写出了他出巡的目的，就是借此来观民俗民风，沿途可以看到田野中的收成。此时的唐玄宗，尚有胸怀天下之心，不但自己在汤泉沐浴，还愿意与万民共享此种安乐。

宰相张说同时作了一首《奉和圣制幸凤汤泉应制》，对玄宗的诗加以诠释：

周狩闻岐礼，秦都辨雍名。
献禽天子孝，存老圣皇情。

温润宜冬幸，游畋乐岁成。
汤云出水殿，暖气入山营。
坎意无私洁，乾心称物平。
帝歌流乐府，溪谷也增荣。

皇帝行猎，是为了用狩猎所得向太上皇帝尽孝；而出外游猎的同时，也体验了秋季大获收成的快乐；借巡幸之机存问民间孤老，更是体现了圣明天子关心民众生活的眷眷之情。

开元初期的唐玄宗，确实是一位圣明天子。但是正如《诗经》中所说的那样，“靡不有初，鲜克有终”。作为封建社会一位有为的君主，李隆基没有把自己前期的做法贯彻始终，使这种大好形势继续发展下去。在开元后期，他只想着高居无为，贪图享乐，从而使得整个国家机器都腐化堕落起来。

唐玄宗在开元时期就对骊山行宫进行扩建，到了天宝年间此项工程仍然在继续。他环骊山列宫殿，在宫殿周围缭绕宫墙，把骊山宫殿与长安的兴庆宫、大明宫连成一体，并将温泉宫改建成华清宫。李隆基对于温泉洗浴的酷爱，也带动了一批高官贵族在骊山汤泉疯狂兴建府第。

当时的很多达官贵族在骊山建起了自己的府邸。如奸相李林甫和杨国忠、御史中丞杨慎矜等人，都在骊山温泉建了自己的宅第。天宝十一载十月，李林甫虽已病入膏肓，但仍抱病随玄宗到骊山温泉。数日后病情加重，有巫婆告诉他说，只要见到皇帝病情就会减轻。当时玄宗想要亲自到李林甫的府上探望，被左右谏止。于是玄宗降敕，命李林甫在自己的院子里，而玄宗则登上降圣阁，手举着红色丝巾对李林甫表示慰问。此时李林甫因病已经不能起身，只得派人代替自己向皇帝行礼。这一年的十一月，玄宗李隆基驻跸华清宫时，还曾驾幸杨国忠府。

李林甫死后，玄宗任命杨国忠为右相。(《旧唐书》卷七十六）从此以后，杨氏家族的势力更加气焰熏天。

唐玄宗李隆基先是宠爱武惠妃。武惠妃于开元二十五年十二月薨，后宫三千人无一人能中玄宗意，于是高力士向唐玄宗推荐了杨玉环。而此时的杨玉环，已经是玄宗儿子寿王李瑁的妃子。她被身为公公的唐玄宗看中，而选入宫中。为了遮蔽天下人的耳目，开元二十八年（公元 740 年）十月，玄宗在骊山温泉“以寿王妃杨氏为道士，号太真”(《新唐书》

卷五·睿宗·玄宗），并在骊山私幸了这个昔日的儿媳妇，今天的太真道士。此后，二人一直保持着暧昧关系。直到天宝四载（公元 745 年）八月，玄宗才立太真道士杨玉环为贵妃。（《新唐书》卷五·睿宗·玄宗）恰如当时著名诗人白居易在《长恨歌》中说的："汉皇重色思倾国，御宇多年求不得。"而杨玉环入宫以后，李隆基就"春宵苦短日高起，从此君王不早朝"，将朝中政事全都托付给奸相李林甫处置，自己则迷信神仙符箓，专意渔色享受。而李林甫为了巩固自己把握的权柄，更是竭力排挤朝中的正直人士。为了防止武将入朝为相，李林甫又怂恿唐玄宗以那些不是汉族的人为大将，最后终于酿成了"安史之乱"这样的大祸。

因为杨贵妃的关系，她的三个姐妹分别被封为虢国夫人、韩国夫人和秦国夫人，无才无识的杨国忠也被委以重任。史书记载："国忠本性疏燥，强力有口辩，既以便佞得宰相，剖决机务，居之不疑。"由于杨国忠大权在握，任意胡作非为，所以当时"贿赂公行"，政治腐败到了极点。（《旧唐书》卷七十六·杨国忠）

天子给杨家的"赏赉不訾计"，仅给虢国夫人、韩国夫人、秦国夫人的脂粉钱，每年就达百万之多。而天下百官的贿赂更是不计其数。"远近馈遗，阉稚、歌儿、狗马、金贝，踵叠其门。"（《新唐书》卷一百四十一·外戚）

在生活上，此时唐朝的皇帝和贵族们也沉迷于灯红酒绿的奢靡生活之中。

在都城长安，皇帝大兴土木工程，群臣也广建屋宇。杨国忠"于宣议里构连甲第，土木被绨绣，栋宇之盛，两都莫比。昼会夜集，无复礼度"。（《旧唐书》卷七十六·杨国忠）而在骊山华清宫，"国忠第在宫东门之南，与虢国相对，韩国、秦国甍栋相接。天子幸其第，必过五家，赏赐宴乐。第扈从骊山，五家合队，国忠以剑南节度幢节引于前"。每当杨国忠出行的时候，皇帝要赏赐饯行的钱，出行归来以后，还要赏赐"软脚钱"。（《旧唐书》卷七十六·杨国忠）

唐玄宗每年十月到骊山华清宫去时，杨铦、杨錡和虢国夫人、韩国夫人、秦国夫人五家都要随后扈从。每家一队，每队穿一种颜色的衣服。他们色彩斑斓，如同百花开放，路途上到处都是杨家人遗落的簪饰、珠鞋、珍珠、翡翠玉石等物，而散发出的香气也弥漫至数里之外。（《旧唐书》卷二十二·玄宗杨贵妃）

杨贵妃

唐朝时人郑处诲于唐宣宗大中九年（公元 855 年）著有一部《明皇杂录》，该书二卷，另有别录一卷，是作者在任校书郎时所撰。书中对唐玄宗的骊山温泉之浴有生动形象的记叙：

> 玄宗幸华清宫，新广汤池，制作宏丽。安禄山于范阳，以白玉石为鱼龙凫雁，仍为石梁及石莲花以献，雕镌巧妙，殆非人工。上大悦，命陈于汤中，又以石梁横亘汤上，而莲花才出水际。上因幸华清宫，至其所，解衣将入，而鱼龙凫雁皆若奋鳞举翼，状欲飞动。上甚恐，遂命撤去，其莲花至今犹在。又尝于宫中置长汤屋数十间，环回甃以文石，为银镂漆船及白香木船，置于其中至于楫橹，皆以饰以金玉。又于汤中垒瑟瑟及丁香为山，以状瀛洲、方丈。

不但玄宗皇帝生活奢靡，连杨贵妃姊妹的一辆牛车，都要饰以金翠，间以珠玉，“一车之费，不下数十万贯”。

关于玄宗驾幸汤泉时的盛况，当时人刘朝霞写了一篇《驾幸温泉赋》，对玄宗与杨贵妃等人一同出游骊山时的宏大场面做了详尽的描述：

若夫天宝二年，十月后合腊月前，办有司之供具，命驾幸于温泉。天门乾开，露神仙之辐辏；銮舆划出，驱甲仗以骄阗。青一队兮黄一队，熊踏胸兮黑拿背；朱一团兮绣一团，玉镂珂兮金鈒鞍。

述德云：直攫得盘古髓，掐得女娲瓢。遮莫你古时千帝，岂若我今日三郎？

自叙云：别有穷奇蹭蹬，失路猖狂。骨憧虽短，伎艺能长。梦里几回富贵，觉来依旧凄惶。今日是千年一遍，叩头莫五角六张。

刘朝霞的这篇赋文，用词任意挥洒，格调风流倜傥，文章中夹杂着诽谐之语。因为唐玄宗在兄弟中排行老三，且平时经常自称“三郎”，于是刘朝霞也戏称皇上为“三郎”。

唐玄宗看了以后，对刘朝霞的赋文十分欣赏，认为这是一篇十分难得的奇文，准备加以赏赐。但是玄宗对其中的“五角六张”一词不满意，就命刘朝霞将“五角六张”四字去掉。谁知刘朝霞却不肯买皇上的账。他上奏给玄宗说：“臣草此赋时，有神助，自谓文不加点，笔不停辍，不愿从皇上而改。”面对这个敢于抗旨不遵的文人，唐玄宗打量他一番，居然龙颜未怒，说了一句：“真穷薄人也。”只授以宫卫佐一官就到顶了。

这“五角六张”到底是个什么样的词，令玄宗必欲改掉它呢？据宋人马永卿所撰《懒真子》一书记载，这“五角六张”原是一句古语。“角”和“张”是指二十八星宿中两个星座。古人说，如果在初五日遇到角星，或初六日遇到张星，就做不成任何事情，但是在一年中遇到这样的日子也不过三四天。大概是玄宗也不愿意碰到这样的日子，所以想让刘朝霞改掉这个句子。而刘朝霞在大拍皇帝马屁的同时，也能够保持住文人的一点自尊，坚持不肯改掉“五角六张”这个词。这在封建社会中，也是难能可贵的。

在开元年间扩建的基础上，天宝六年，唐玄宗又在骊山汤大兴土木，再行扩建，并将泉池纳入豪华的宫殿内，改称为“华清宫”。因为华清宫殿建在泉池之上，所以浴池又被命名为“华清池”，专供皇帝享用。华清池分为九龙池和芙蓉池。九龙池专供皇帝御用，芙蓉池则专供杨贵妃沐浴，后来亦称为“贵妃池”。对于这些浴池，朝廷还设有专人管理。

《旧唐书·职官志三》云："汤泉监，掌汤池官禁之事。"这汤泉监一官就是专门负责皇家汤池事务的专职官员。五代王仁裕在《开元天宝遗事长汤十六所》中记载："华清宫中除供奉两汤外，而别更有长汤十六所，嫔御之类浴焉。"考古工作者在唐代华清宫御汤遗址内除九龙汤和芙蓉汤外，又发掘出莲花汤、海棠汤、星辰汤、太子汤、尚食汤等五处汤池遗址。这证明王仁裕的记载是真实可信的。玄宗天宝时期，华清宫内温泉浴所甚多，可以说这正是华清宫的鼎盛时期。

在安享温泉乐趣的时候，李隆基胸中似乎还有一些民众的生计存在。他在《惟此温泉是称愈疾，岂予独受其福，思与兆人共之，乘暇巡游，乃言其志》一诗中这样写道："桂殿与山连，兰汤涌自然。阴崖含秀色，温谷吐潺湲。绩为蠲邪著，功因养正宣。愿言将亿兆，同此共昌延。"

此时，好像他的心中还装着亿兆民众，但是在温泉水长期的浸泡之下，他仅有的一点忧心社稷的思想也都被洗掉了。他的心中，恐怕是只有那位"侍儿扶起娇无力"的杨贵妃了。

天宝十四载（公元 755 年）十一月，玄宗正在华清宫尽情享乐的时候，一件令他想不到的事发生了。他一向非常信任的边关大将安禄山，以肃清君侧、诛锄杨国忠为名，在范阳起兵反叛朝廷。

在开元年间还曾经下令禁女乐的唐玄宗，到天宝年间，因杨贵妃"善歌舞，邃晓音律"，竟然也喜爱起霓裳羽衣曲，蓄养了音乐师李龟年和一大批梨园弟子，并乐此不疲，以至于渔阳鼙鼓动地来时，这霓裳羽衣曲还在骊山温泉宫里袅袅不绝地吟唱着！

这安禄山到底是什么人？《旧唐书》和《新唐书》都为他立了传。

安禄山是突厥人与波斯人的混血儿。他靠着善于谄媚，而迅速地爬上了高位。从天宝元年到天宝十三年，由平卢节度使兼柳城太守，又兼渤海、黑水等四府经略使，晋骠骑大将军，兼范阳太守、河北采访处置使、晋封东平郡王，任尚书左仆射等职。此时，今天的河北、内蒙古、东北乃至黑龙江以北、乌苏里江以东的一大片土地，差不多都是他的势力范围。安禄山不断地招兵买马，蓄积势力，准备叛变。可是此时的唐玄宗，却对此毫无知觉。

安禄山身体肥胖，但是在玄宗面前跳起胡舞来，却是旋转如飞。李隆基有一次问安禄山："你的大肚子里都有些什么？"安禄山答道："只有一颗忠心!"这样谄媚的话，骗得唐玄宗对他更加放心。以至于连杨国忠一再说安禄山要造反，他都不肯相信。后来甚至让安禄山认杨贵妃为母，并赐大量金钱给安禄山，称为“洗儿钱”。李隆基还在骊山华清宫赐安禄山洗浴，以表示对安禄山的极大信任。

安禄山在范阳一带处心积虑准备着叛乱，而朝廷却处在一派文恬武嬉的气氛之中。当时各州县的兵器、铠甲都锈蚀坏了，那些兵士因缺乏训练，连弓箭都不能解，剑鞘也不会拔，大敌当前，只有弃城逃跑。于是，叛军一路打下了东都洛阳，攻下长安险要之地潼关。此时的唐玄宗，也只有逃往蜀地的份了。不幸的是，当跑到马嵬驿的时候，六军不发，要求处死皇帝的宠妃杨玉环。无奈之下，李隆基下令缢死了年仅 38 岁的爱妃杨玉环。

此后历经八年，唐朝廷才平定了安史之乱，而唐王朝也因此而逐渐走向衰败，华清池日趋荒芜败落。此后的唐朝，除了少数的几位帝后曾到温泉洗浴外，骊山华清宫已经成了一片禾黍离离之地了。

据《旧唐书》记载，安史之乱后，已经逊位为太上皇帝的李隆基于公元 757 年从四川回銮京城。尽管杨贵妃已经香消玉殒，但这位太上皇帝对于曾与杨贵妃一同洗浴的华清池，却仍是一往情深。唐肃宗至德三载（公元 758 年）十月甲寅，“上皇幸华清宫，上送于灞上”，十一月丁丑，“上皇至自华清宫，上迎于灞上”。这一次，李隆基在骊山华清宫驻跸 24 天。（《旧唐书》本纪第十·肃宗）不知道在这二十余天的时间内，他在华清宫有何感想。

唐宪宗元和十五年（公元 820 年）十一月，宪宗李纯不顾宰相等群臣的上表切谏，仍于已未日私自出城，驾幸华清宫，随驾的只有公主、驸马、中尉、神策六军使帅禁兵千余人扈从，直到晡时才回宫。（《资治通鉴》卷二百四十一·唐纪五十七）

唐穆宗李恒长庆二年（公元 822 年）冬十一月“辛未，上自复道幸华清宫，遂畋于骊山，即日还宫”。（《资治通鉴》卷二百四十一·唐纪五十七）

唐敬宗李湛宝历元年（公元 825 年）“十一月庚寅，幸温汤，即日还宫”。（《资治通鉴》卷二百四十一·唐纪五十七）

除了皇帝之外，唐穆宗李恒生母懿安皇后郭氏，也曾到骊山华清宫洗浴。懿安皇后郭氏是汾阳王郭子仪的孙女。她深受穆宗李恒尊重，上尊号皇太后，并移居兴庆宫。每月的朔望之日，穆宗都要率百官到兴庆宫门外向她行礼。穆宗母亲郭氏到骊山华清宫洗浴时，穆宗派景王率领侍卫保护，还亲自到昭应地方迎接皇太后，并在帐中欢饮数日。此时懿安皇后郭氏虽有国母之尊，但她出行骊山的仪仗，与玄宗到华清宫的规模，却是不可同日而语。

其实，唐朝时不仅那些帝王贵族们对温泉十分感兴趣，就是诗人、僧徒，对于温泉也是十分喜爱的。

唐大历年间的著名诗人白居易，不但写下了一首流传千古的《长恨歌》以歌颂唐玄宗与杨贵妃的爱情故事，还写了一首《题庐山山下汤泉》，对骊山和庐山这两眼温泉的不同遭遇，提出了自己的疑问：

一眼汤泉流向东，浸泥浇草暖无穷。
骊山温水因何事，流入金铺玉甃中。

庐山下的温泉汩汩不绝地向东流淌着，浸湿了泥土，温暖着小草，一点也不受人世的约束。可是那骊山的温泉，却为何要乖乖地流到人们所甃的水池中呢？在诗人的意识深处，也许是在为骊山温泉受人拘束的遭遇而抱不平吧！

而唐朝另一位诗人贾岛，则在他的《纪汤泉》诗中，通过写汤泉，抒发了他对人生的看法，寄寓了自己寄情于佛门，不愿与那些朝臣们同流合污的志向。他的诗是这样写的：

维泉肇何代？开凿同二仪。
五行分水火，厥用谁一之？
在卦得既济，备象坎与离。
下有风轮煽，上有雷车驰。
霞掀祝融井，日烂扶桑池。
气殊矾石厉，脉有灵砂滋。
骊山岂不好，玉环污流脂！
至今华清树，空遗后人悲。
遐哉哲人逝，此水真吾师。
一濯三沐发，六凿还希夷。
伐毛返骨髓，发白令人黟。
十年走尘土，负我汗漫期。

再来池上游，触热三伏时。
古寺僧寂寞，但余壁上诗。
不见题诗人，令我长叹咨！

贾岛（公元 779—843 年），唐朝范阳（今北京附近）人，字阆仙，曾做过和尚，法名无本。因与当时著名诗人孟郊、张籍等往还酬唱，贾岛得以名声大噪，并因此还俗应进士试，不被录取，“文宗时，坐飞谤，贬长江（今四川省蓬溪）主簿”，后迁普州（今四川省安岳县）司仓参军。他的诗追求平淡，对南宋的江湖派诗人有较大的影响。

贾岛的这首诗，看来不是在写骊山温泉。但是写的是哪里的温泉，至今已经无可考。而诗中对于汤泉成因的思考，则是适用于每一眼汤泉的。在探讨汤泉成因的同时，贾岛对于玄宗沉溺洗浴温泉、耽于安乐的行为予以曲折批判。“骊山岂不好，玉环污流脂！至今华清树，空遗后人悲。”在讽刺杨玉环的同时，也深刻批判了对朝政黑暗负有主要责任的李隆基。这与贾岛那种因失意而激愤的心情，也是非常符合的。

唐末杜荀鹤，也写有《汤泉》诗：

闻有灵汤独去寻，一瓶一钵一兼金。
不愁乱世兵相害，却喜寒山路入深。
野老祭坛鸦噪庙，猎人冲雪鹿惊林。
幻身若是逢僧者，水洗皮肤语洗心。

杜荀鹤（公元 846—907 年）是晚唐一位有现实主义风格的诗人。他生于唐末乱世之中，对当时的社会黑暗有着较为深刻的认识。他自己曾经说过：“宁为宇宙闲吟客，怕做乾坤窃禄人；诗旨未能忘救物，世情奈何不容真？”当时人赞美他的“壮言大语”，能使“贪夫廉，邪臣正”。但是在他所作的这首《汤泉》诗中，我们找不到这样的豪迈气概，却只能看到他在乱世求生的无奈心情。

在唐朝，除了皇家贵族对于汤泉的疗疾效果有着一定的认识外，还有一些地方官员也知道利用天然汤泉来治疗疾病。《黄山温泉志》记载：“唐大历年间歙州刺史薛邕，患有时疫，浴之痊疗。”于是就在黄山朱砂泉“立庐舍，设盆杅，以病人浴者多愈”。一些天然汤泉，还为当时的一般百姓所喜爱。

清朝有一个人以“长白浩歌子”为名，写了一部书，名叫《萤窗异草》。这部书中记载了一则唐玄宗与杨贵妃在骊山华清宫沐浴的事。

书中记载，骊山的北山坡上有一个石洞，洞口有一块石质匾额，匾额上雕镌着四个大字——“天宝遗迹”。山洞用巨石制成厚重的大门，这道石门非常坚固，牢不可破。很长的时间内人们都不知道石洞内到底有些什么东西。明英宗正统年间（公元 1436—1449 年），洞口的石门忽然裂开了一道宽有一尺左右的裂缝。当地人刘瑞五约上喜欢多事、好奇心强而又有胆有识的五个人，一起入洞探奇。深入洞中后，看到在一张青玉石屏风上刻有文字。走近以后，用火把照着读下去，原来文中这样说：朕与妃子每遇盛夏酷暑，到这里躲避炎热，共同享受洞天福地的快乐，到现在已经有五年了。这种境界，风流潇洒，就像是神仙样快活，就连汉武帝那样的快乐，我们也是不会羡慕了。但是恐怕在千秋万岁之后，世上再不会有人知道我与贵妃两人互相愉悦的幸福，于是命技艺高超的工匠，将这个事情雕刻成石像放于洞内，以此来使之流传不朽。我偶尔与贵妃在洞中游览这些石刻，二人不禁相视而笑，差一点忘了自己现在还是肉身啊。文末落款是：天宝十年秋七月御笔。

看到这段文字，大家才知道这些都是唐玄宗亲手书写。来到石屏风的后面，看到的是另外一番景象：

这个山洞非常大，可以达到数十间房的面积。石洞的正中放置一个石头宝座，宝座上空着，没有坐人。这还不足为奇，更为奇特的是，石头宝座的左面是一座梳妆用的阁楼，楼内有一个石雕美人挽着满头乌发对镜，脸上容颜慵懒，倦态堪怜。美人身旁有两名宫娥，一人捧着盥洗用的水盆，侧身而立，像是要向前扶侍的样子，一名跪在那里替贵妃捧着乌发，面部表情十分恭敬谨慎。贵妃稍稍回头，好像是在和人说话，雕像的眉目表情栩栩如生，可以描绘入画。贵妃身后立着一个人，头戴唐巾，身穿便衣，用手轻轻地捋着胡须，原来雕的是开元皇帝李隆基的像。石像的表情态度，十分和蔼可亲。在雕像的右侧是一个浴池，池中用绿色的玉石雕成泉水的波纹状，水纹荡漾如同流动着一样。皇帝身旁立着二人，捧着浴巾和丝帕，眉宇之间微含笑意。皇帝与贵妃的身体，都是用白玉雕镌而成。皇帝在池水之中游戏，水仅仅没过他的肚脐，下身浸在水中，偏着头似乎是用目光召唤着杨贵妃的样子，似乎是将要说话却又在那里偷偷地笑。贵妃则坐在一张小石床上，也像皇帝一样裸露着上身，腿上则穿着一双短袜，面带腼腆之色。贵妃用她的纤纤秀手抻着衣带，似欲解开却又非常羞涩的样子。自腰部以下到双腿的膝盖部分，都已经脱得赤裸裸的了。

据说，这一组沐浴石像，是唐玄宗命令能工巧匠雕刻的，目的是“以流传不朽”。后来，在明熹宗天启末年，由于雷霆震塌了石洞，山上嵯峨的乱石掩埋了这里的一切，从此以后，再也没有人知道这组沐浴石像的下落了。

这则记载生动形象，似乎是确有其事。但是细究史实，却与此并不相符合，甚至可以说是漏洞百出。杨玉环从开元二十八年开始受宠，在开元年间，她与李隆基共有四次到骊山温泉，但都是在冬季，即当年十月至明年的正月之间。而天宝以后，李隆基与杨玉环共有 15 次到华清宫，也都是在冬季，或十月，或十一月，或十二月，或次年正月，总之都不是在酷热的夏季。书中所说洞内青玉石屏风所记“朕与妃子每遇盛暑避热此间，共享洞天之福”的话，是没有任何根据的。并且，唐玄宗晚年虽然日渐沉湎于淫乐，却并非如这篇文章中所说的那样昏庸。他绝不会把自己那些霸占儿媳、因淫乐奢靡而忘掉国事的丑闻记载下来供后人唾骂，更不会“但恐千秋万岁后，罕有知吾两人相得之欢者”，将自己与妃子的私密之事传于后世，让世人耻笑。

南宋朱翌所撰《猗觉寮杂记》一书中的“杨贵妃”条写道：“杨太真妃，本寿王瑁妃也。玄宗纳之，为寿王别取韦诏训女。李义山《骊山诗》云：‘骊岫飞泉泛暖香，九龙呵护玉莲房。平明每幸长生殿，不从金舆唯寿王。’”（南宋朱翌《猗觉寮杂记》卷上，转引自《中华野史大博览》上册，中国友谊出版公司 1994 年版，第 620 页）李义山，即晚唐时期的著名诗人李商隐。他生于唐宪宗元和八年（公元 813 年），卒于唐宣宗大中十二年（公元 858 年）。他生活的年代距玄宗天宝年间仅几十年的光景，对于当时的史事，李商隐必然十分清楚。寿王李瑁在玄宗驾幸骊山温泉时，不能伴驾从行。这或是出于玄宗之意，或是出于寿王的自尊。无论如何，当事双方对于杨玉环入宫这件事都是讳莫如深的。而作为当事人之一的唐玄宗，绝对不会无耻到不顾后世人唾骂，而命人雕刻石像，自遗其丑的地步。

尽管如此，这则记载还是证明了一点，即唐玄宗与杨贵妃都好沐浴，并且常常同池而浴。这些都是有历史根据的。

天宝以后，华清宫由于没有皇帝的光临而日渐衰落。此后虽经五代、宋、元、明、清各朝重修，但是均未能恢复唐朝开元、天宝年间的规模。自此以后，骊山等处温泉日趋荒芜。唐人谢宗有诗咏骊山汤泉，可谓写得意味深长："香泉涌出半池温，难洗人间万古尘。混沌壳中天不晓，淋漓气底夜长春。波涛鼓怒喧风雨，云雾随阴护鬼神。却笑相逢裸形国，不知谁是浴沂人。"

从以上的诗歌中，我们不难看出当时人们对于唐玄宗只知淫乐以至败亡国家的不满。

汤泉吐艳镜光开

五代时期（公元 907—960 年），北方相继建立了梁、唐、晋、汉、周五个朝代。但是这五个朝代的存在时间都不长久，且当时战乱频仍。那些偏安一隅的皇帝们自顾不暇，哪里还顾得上到汤泉洗浴？所以《旧五代史》和《新五代史》两部史书，在所有梁、唐、晋、汉、周皇帝本纪中，都没有相关皇帝到汤泉洗浴的记载。

北周末年，赵匡胤建立宋朝。两宋时期，前期北宋与辽对峙，兵火频仍，战乱不断；中期受金攻击，徽、钦二帝被掳黄龙，高宗颠沛流离，席不暇暖；后期也是外敌屡次入侵，并且北宋都开封汴梁，南宋都杭州。这两座都城，在地理位置上，也是北不至骊山温泉水，中不及洛阳广成汤，南不达云南腾冲汤泉，所以两宋 18 位皇帝，无暇到温泉洗浴休闲。倒是那些臣下，如苏轼等人，反而有时间享受那天然温泉所带来的无穷乐趣。

北宋哲宗绍圣（1094—1098）初年，因与朝中权臣之间产生矛盾，苏轼受人诬陷，被贬为宁远军节度副使，惠州安置。苏轼在惠州闲居三年，对于世事一无所求。三年间，苏轼不但以岭南荔枝大饱口福，还踏遍惠州山山水水，将这里的温泉纳入自己的生活范围之中。饱啖荔枝之后的快意，使得苏轼唱出了"罗浮山下四时春，卢橘杨梅次第新。日啖荔支三百颗，不辞长作岭南人"这一千古流传的绝句。除了享受经常吃荔枝的快乐，他还时时体会到在惠州洗浴温泉的惬意。

从绍圣元年，即公元 1094 年起，大文豪苏东坡曾三次游汤泉，他在光顾了惠州西郊白水山麓的汤泉并在此沐浴之后，挥笔写下"温泉水暖洗凝脂”“一洗胸中云梦”和“汤泉吐艳镜光开，白水飞虹带雨来”的传世佳句。

苏轼还经常与幼子苏过一起到汤泉进行洗浴。在与苏过一起享受了白水汤泉的天然温水之后，苏轼写出了一篇短小而有趣的山水游记《游白水付过》。苏轼的这篇游记记叙真实，可供我们一读：

> 绍圣元年十月十二日，与幼子过游白水佛迹院。浴于汤池，热甚，其源殆可熟物。循山而东，少北，有悬水百仞，山八九折，折处辄为潭，深者缒石五丈，不得其所止；雪溅雷怒，可喜可畏。水涯有巨人迹，所谓佛迹也。
>
> 暮归，倒行，观山烧，火甚。俯仰度数谷。至江，山月出，击汰中流，掬弄珠璧。到家二鼓，复与过饮酒，食余甘、煮菜，顾影颓然，不复甚寐，书以付过。东坡翁。

在游览和沐浴汤泉的时候，苏东坡还敞开胸襟，以诗词唱和古人。在游览庐山时，苏东坡在阅读了这里镌刻的上百首题诗之后，唯独对僧人可遵《题汤泉》诗情有独钟。这首刻在庐山脚下寺院之旁的禅诗，为什么会引起苏东坡的注意？这首诗是这样写的：

> 禅庭谁作石龙头？龙口汤泉沸不休。
> 直待众生尘垢尽，我方清冷混常流。

汤泉在庐山脚下，寺院之旁。僧人在禅寺的庭院内雕刻石龙头，将漫羡四溢的泉水聚集起来，使之能够用来洗浴。而在洗浴的过程中，汤泉水由热而变冷，然后就向下游流走了。这样，原本温热的汤泉水就变成了与众水相同的平常之水。

原来诗中的含义，是在表达那位僧人普度众生的愿望。

在阅读完可遵的诗之后，苏轼即兴和诗一首，诗的名字很长，叫作《余过温泉，壁上有诗云：“直待众生总无垢，我方清冷混常流。”问人，云：“长老可遵作。”遵已退居圆通，亦作一绝》。其诗云：

> 石龙有口口无根，自在流泉水吐吞。
> 若信众生本无垢，此泉何处觅寒温？

从“若信众生本无垢，此泉何处觅寒温”一句来看，苏轼对可遵诗中的含义是深表赞同的。但是对诗的赞同归赞同，与可遵汲汲于救度众生的心态相比，苏东坡此时却颇有些身在事外的味道。

苏东坡的这种心态，与他此时的心境有着很大的关系。北宋末期，朝中党派斗争十分激烈，许多正直的大臣都被排斥。苏轼在朝中几经挫折之后，对于世态炎凉已经看得十分透彻，所以，他在惠州三年，放浪形骸于山水之间，充满着置身事外的洒脱。

广东的温泉，为苏东坡的寄情于山水提供了便利条件。其实，苏东坡虽然此时身处逆境，但并没有因此而沉沦。他在《荔支叹》一诗中，不但指斥了唐朝的最高统治者，而且对当代的奸臣也进行了批判。

十里一置飞尘灰，五里一堠兵火催。
颠坑仆谷相枕藉，知是荔支龙眼来。
飞车跨山鹘横海，风枝露叶如新采。
宫中美人一破颜，惊尘溅血流千载。
永元荔支来交州，天宝岁贡取之涪。
至今欲食林甫肉，无人举觞酹伯游。
我愿天公怜赤子，莫生尤物为疮痏。
雨顺风调百谷登，民不饥寒为上瑞。
君不见，武夷溪边粟粒芽，前丁后蔡相宠加。
争新买宠各出意，今年斗品充官茶。
吾君所乏岂此物？致养口体何陋耶！
洛阳相君忠孝家，可怜亦进姚黄花。

苏轼在诗中对杨贵妃只贪口腹之欲、不顾民众死活所造成的后果进行了批判：“宫中美人一破颜，惊尘溅血流千载。”而对于那为了取宠而献计由岭南贡献荔枝的李林甫，作者更是深恶痛绝：“至今欲食林甫肉。”这正是作者对那些残民以逞的奸臣们无比憎恨的情感的真实写照。而为了天下众生，苏轼更是激愤地喊出：“我愿天公怜赤子，莫生尤物为疮痏。”为了避免皇帝和贵族们贪图享受而虐待天下百姓，苏轼对自己非常喜爱的荔枝，甚至都视为“疮痏”，表达了他怜悯天下众生的深厚感情。

作者在诗中不但对李林甫进行了批判，而且对于当朝的丁谓、蔡襄等权臣，以及降宋后被封为“忠孝家”的钱俶等人，都进行了无情鞭挞。

上图：苏东坡曾经光顾的惠州汤泉

下图：“天下第一汤”，明杨慎题

为了争宠，这些人向朝廷或进茶，或进牡丹中的极品姚黄花。而那些皇帝和贵族们，为了满足饮食玩乐等物质生活方面的需要，竟然也不顾老百姓的死活。苏轼在诗中大胆地指责了这些人是多么鄙陋。

宋朝时，除了惠州，在古城福州，温泉分布的地域也很广，应用也非常广泛。这里的汤泉水含有硫磺，且有水温高、水质优、水压大、埋藏地下浅而易于利用的特点。福州温泉，相传晋太康年间就已发现。据已经有的汤泉遗址证明，在唐代时这里就已经开始利用温泉。宋朝时，在汤井巷一带，就“绕有短垣，作温室及振衣亭，盥濯于此”。这些记载，说明在宋朝时，汤泉已经被当地的人们用来洗浴和治疗各种疾病。这些散布在福州城内外的温泉，为当地人的生活提供了极大的方便。宋时，福州地方就有“内汤”这一地名。

宋朝福州知州程师孟（公元 1015—1092 年）写有《福州温泉》一诗：

曾看华清旧浴池，徘徊却想开元事。
此泉何日落天涯，不见莲花见荔枝。

诗中把远在天涯的福州温泉与近在唐朝帝都的陕西华清池相比，并进而联想到唐朝时的历史教训，告诫当权者不要贪图享受，要注意民生的疾苦。

在宋代，汤泉水已经被人们广泛利用，不过是这些事实都散见于各地的地方志乘中，在皇家的史书中尚未见到罢了。

元朝以少数民族入主中原，它的势力范围遍及欧亚大陆。但是与唐、辽、金等游牧民族的统治者不同，我们在元史中并没有见到元朝皇帝洗汤泉浴的记载。

3．温泉浴之风大盛的明朝

明太祖朱元璋在南京建都，这里的江浦区是一个汤泉众多的地方。据说，明太祖讨厌汤泉的说法，所以传旨将天下的汤泉统统改名为“温泉”。这种说法，从史籍中看来，并没有什么依据。因为明朝时的戚继光、王衡、宋懋澄等人，在他们的文章中，就多次直称温泉为“汤泉”，而毫无忌讳。由此可见，关于朱元璋下令将汤泉改名为温泉的传说，是何等牵强附会。

明朝时，人们对于汤泉也有了更多的记载。徐宏祖《游黄山日记》中，这样记叙自己浏览黄山汤泉的情况：

> 戊午（明神宗万历四十六年，公元 1618 年）九月初三日，出白岳榔梅庵，至桃源桥。从小桥右下，陡甚。即旧向黄山路也。七十里，宿江村。
>
> 初四日，十五里至汤口。五里至汤寺。浴于汤池。扶杖望朱砂庵而登，十里上黄泥岗，向时云里诸峰，渐渐透出。亦渐渐落吾杖底。

徐宏祖（公元 1586—1641 年），字振之，号霞客。江苏江阴人，我国著名的旅行家，著有《徐霞客游记》。《游黄山日记》是《徐霞客游记》中的一部分，写于明万历四十六年。汤口，即汤口镇，距黄山汤泉约 2.5 千米。

明朝对汤泉加以记载的不仅有徐霞客，当时人郎瑛、朱国祯、李时珍等人的著作中，都有关于汤泉的记载。郎瑛在其《七修类稿》一书中记载了世人皆知的骊山和黄山温泉，还亲自到巢县温泉进行考察，并对秦始皇因疮而洗温泉的传说也进行了评说。朱国祯《涌幢小品》中，也记载了骊山、安宁、黄山等处的温泉。而作者本人还亲自到黄山温泉进行洗浴："新安黄山温泉亦佳，余尝浴之，正温。雪天坐楼上望之，气坌出如蒸云。泉当大岭之下，贩米者逾岭而来，弛担就浴，必百十人，溷甚，少选即清。"

李时珍《本草纲目》一书则从医学家的角度，将温泉分为琉磺泉、朱砂泉、矾石泉等几种，并对温泉的治病效果有明确的记载。

清人温泉疗疾

进入清朝以后，人们对于汤泉的利用，虽未达到唐玄宗时的痴迷程度，但到汤泉去洗浴的次数也相当可观。

清朝从太祖努尔哈赤时起，就已经利用汤泉进行疗疾。入主中原以后，清初的最高统治者更是非常频繁地到各地汤泉洗浴和疗养。除了前述之世祖、摄政王多尔衮、圣祖到遵化汤泉之外，圣祖玄烨更是借出外巡幸的机会，频繁到各地的汤泉进行洗浴。

清圣祖玄烨一生所去最多的，除了遵化汤泉之外，还有北京小汤山汤泉、承德头沟汤泉和赤城温泉，而于怀来温泉，则只是去了一次，且只住了一天。

从康熙十一年起，直到五十七年，圣祖玄烨共到昌平温泉 13 次，驻 174 天；赤城 1 次，驻 30 天；承德 8 次，驻 19 天；怀来 1 次，驻 1 天。

清朝皇帝去得最多的，当数昌平州的小汤山汤泉了。其主要原因是这里距离京城较近。昌平州与京城距离较近，且其地多汤泉。如昌平州城西北三十里有汤山，州城西南三十二里有汤峪山，州东南三十二里有新汤泉。这些地方，均有温泉涌出。清乾隆年间修纂的《日下旧闻考》载：昌平“州东三十里山下有温泉，行宫在焉”。康熙五年，清朝对小汤山汤泉进行疏浚，并建行宫。“汤泉，在州东南三十二里，有海子，水燠如沸。康熙五年凿大池二，砌以雕栏，复疏细渠，旁流四注，皆甃以白石，莹洁如玉，池上恭建行宫。”（《畿辅通志》卷五十八·舆地略十三·山川二）

清高宗弘历曾经多次到昌平汤泉，并留下许多歌颂温泉的诗篇。有乾隆六年御制《汤泉行宫即事》，乾隆七年御制《汤泉荷花》，乾隆十三年御制《题汤泉并蒂莲》，乾隆十八年御制《恭依皇祖〈温泉行〉原韵》。乾隆二十八年，又写《汤泉行宫八咏》。将温泉、柳色、池塘、玉兰、山亭、游鱼、书室、官鹤等八景分别写入自己的诗中。

清末，慈禧太后也曾到汤山温泉进行洗浴。这里还建有慈禧太后的汤池。

与清朝帝后关系密切的汤泉，除遵化汤泉、昌平汤泉和承德温泉外，还有赤城汤泉。清雍正朝纂《赤城县志》载：“汤泉，一作汤泉河，在县西山。出西山东流，至城南合水泉河，又东合沽河。”《明一统志》：“赤城汤泉在宣府镇城东一百四十里，自龙门镇北赤城寺侧山根涌出，暴热，旁有冷泉，浴之皆可愈疾。”清初，康熙皇帝曾奉太皇太后到此洗浴，以治疗皮肤病。

在封建社会，到汤泉进行洗浴是皇家的一项高贵、特殊的享受。清朝时，甚至当时一些蒙古王爷要到温泉洗浴，还需要事先向皇帝奏请。道光年间，哲布尊丹巴呼图克图因病呈请皇帝，欲前往温泉坐汤。二十九年正月二十九日宣宗下谕："哲布尊丹巴呼图克图自上年出痘以来，身体不甚爽利，著照所请准其前往库伦之北伊噜格河温泉坐汤，事毕即令速回。"(《清宣宗实录》卷三一八)

实际上，在一些偏远地区的温泉，因山高皇帝远，而成为一些游客和平民的游戏与沐浴之地。

清乾隆二年，江北大旱，百姓蜂拥而至黄山逃难。这些人聚居在黄山朱砂泉附近，并在泉中洗浴。由于人数众多，以至于朱砂泉竟因此而淤塞不流。清人洪亮吉在他所撰的《黄山浴朱砂泉记赞》中记载了这一事实。他写道：

> 地之宝，龙所守。浴者亵，湮厥窦。(乾隆二年，江北逃荒男女麇至，杂浴于池，未几大雷雨数日，即失池所在。后有定僧居池上，日祷于神。七年，池水复出。)僧有道，泉复归。云青红，池上垂。西汤岭，东汤口。饮泉人，无下寿。朱砂泉，紫云莽。无鼓钟，水石声，成宫磬。泉弯环，岭壁立。夏堪浴，冬可蛰。禅志定，梦亦无。气清明，天所都。(莽背即天都峰，)石何奇，长丰里。飞涛来，石或起。涛光青，潭气黑。云漫漫，雨工宅。霆为索，雷为鞭。呼龙起，雨大田。(是年夏秋，徽宁数府皆苦旱，)云门开，日正尽。雨霏霏，讶天漏。泉腹断，石肋摧。迤东峰，势益危。瀑四飞，崖半凿。头正仰，樵斧落。(飞瀑崖俗名珍珠挂帘。)

黄山的朱砂泉，给洪亮吉留下了深刻的印象。以至于他在被遣戍归家之后，于嘉庆七年(公元1802年)，即他57岁那年，第三次来到黄山温泉洗浴，并作《黄山浴朱砂泉记》。洪亮吉对于自己这三次沐浴黄山温泉的经历十分得意。他在文章中记载说：第三次到黄山朱砂泉，"住凡三日夕，计七浴于汤泉，而所患若失，人皆异焉。盖温泉有三种，曰朱砂、曰矾石、曰硫磺。磺矾皆能捐夙疴、除积垢，而气实酷烈，久之不能堪也。惟朱砂性温而和，凉暖适中，浴之久可以浚神明而延年寿。然世苦不多遘，非地近而与山水有夙缘者，或毕世不一值焉。余得三涉于此，幸也。"

这些天然的温泉，不但洗浴着人们身上的灰尘，还有一种特殊的功效，即它们还温暖着那些衣食无着的灾民的身体。洪亮吉的赞中就有"夏可浴，冬可蛰"的语句，正反映着这样的一个历史现实。

黄山朱砂泉摩崖石刻

小汤山

清道光年间修纂的《招远县志》中，对贫民借温泉水以过冬的事，有更明确的记载。县令阮芳潮在其所作《和徐明府汤泉三十韵》中有这样的句子："人人浴汤泉，朝昏无有懈。快意唱喁于，触口鸣天籁。汩汩水长温，洗濯功一大。且藏寒乞身，兼瀹贫婆菜。"作者在"且藏寒乞身"一句下注曰："闻每岁隆冬有乞人无衣者，辄卧其中以自温。"看来，在中国封建社会里，温热如汤的汤泉不但有洗人污垢、去人癣疥的功效，还有为穷人遮体避寒的作用。天然汤泉给世人带来的利益，可以说得上是非常广泛的了！近年来有报道说，在日本长野的公园里，有几只猴子冬日里悠闲地在享受着户外温泉浴，并借此来抵御着冬天的严寒。看来温泉之利，不但泽及于人类，而且惠及于禽兽呢！

进入民国以后，一些达官贵人们更是将洗温泉浴作为一种生活的享受。盘踞东北的军阀张作霖，还在辽宁兴城温泉附近，建起了自己的温泉别墅。这座别墅兴建于 1920 年，建筑面积达 2000 多平方米，整个别墅建有门厅、前厅、后厅等三套院。

昌平小汤山由于地近北京，所以成为封建皇帝和官僚们理想的休憩场所。但是，1900 年秋，汤泉行宫被八国联军的侵略炮火毁成一片废墟。袁世凯的公子袁克定，军阀徐世昌、曹汝霖等人到昌平小汤山，将清朝行宫略加修葺，在前宫地方建饭店旅馆，后宫地方辟为公园，从此这里成了民国时达官贵人的别墅山庄。徐世昌还题刻了“汤山别业”的汉白玉匾额。

北伐战争胜利后，蒋介石召集冯玉祥、阎锡山、李宗仁、白崇禧等人，于 1928 年 7 月 11 日至 12 日在汤山饭店召开编遣善后会议，商议裁军事宜。抗日战争时期，汤山饭店和汤山公园再遭劫火，从此一蹶不振。

今天，温泉正越来越走进人们的生活。目前，我国已发现的温泉达 2700 多处，在这些温泉的附近，建起了大量的温泉度假村或温泉酒店，供人们到这里来沐浴与休闲度假。在人们的概念里，温泉不仅仅能用于疗养，也不仅仅是旅游场所。对于汤泉的利用和开发，是休闲度假与养生的完美结合。

四、怡神、疗疾话汤泉

1. 治病疗疾汤泉水

有这样一则小故事：有一名关节炎患者来咨询温泉水的疗效。疗养院经理对他说："你想知道汤泉的疗效吗？我给你说一个故事。一个月以前，有一名关节炎患者坐着轮椅来这里泡温泉。结果前天，他没有交纳治疗费，却骑着自行车跑了。"这虽然是一个笑话，但是也从一个侧面反映了汤泉水治疗关节炎的神奇效果。

那么，汤泉水为什么会有这么神奇的疗效呢？

温泉在地下流动时，溶解了地下的许多矿物质和微量元素，这些物质对人体健康有着十分重要的作用，比如硒、硫磺等。据相关资料记载，温泉依不同的泉质，对人体疾病有不同的疗效。中国医疗矿泉专家陈炎冰在《矿泉与疗养》一书中认为，温泉一般含有多种活性作用的微量元素，有一定的矿化度，泉水温度高于 30 °C。温矿泉可对以下疾病具有医疗作用：肥胖症、运动系统疾病（如创伤、慢性风湿性关节炎等）、神经系统疾病（神经损伤、神经炎等），早期轻度心血管系统疾病、痛风、皮肤病等。低温泉温度为 38 °C ~ 40 °C，对人体有镇静作用，对神经衰弱、失眠、高血压、心脏病、风湿、腰膝痛等有一定的好处。高温泉温度为 43 °C 以上，对人体有兴奋刺激的作用，同时对心血管病有显著疗效，能改善体质，增强抵抗力和预防疾病。

人们可以通过泡温泉来吸收这些对人体有益的物质。同时，温泉的物理性能和化学成分，通过神经—体液机制作用于人体，会使机体产生极其复杂的生物物理学变化，从而达到调节机体功能，使全身各系统功能均趋向正常化的作用。研究表明，温泉对治疗颈椎病、肩周炎、皮肤病、高血脂和高血压等多种病症具有一定功效。同时，泡温泉还能起到瘦身和美容的效果。

在我国，很早就有利用温泉水疗疾养生的优良传统。我国古代的人们是很重视养生的。远在原始社会时期，黄帝向广成子问道，到春秋战国时期道家所讲的顺乎自然，到儒家所说的“仁者乐静”，都是在讲究养生。

而在众多的养生方法中，汤泉的治疗是一种非常有效的方式。对于汤泉的治病效果，我国认识得是比较早的，并且有所实践。先秦时期，人们就已经开始利用温泉。人们通过洗温泉、饮温泉水来调和机理、祛病养生。这一点，在古籍中有相当多的记载。

饮温泉水不老、不死的说法，在古籍中也时有记载。汉代《括地图》一书中写道：“负丘之山，上有赤泉，饮之不老；神宫有英泉，饮之，眠三百岁乃觉，不知死。”北魏郦道元《水经注》中记载，有许多的温泉能够疗恶疮、去痾疾、救瘙痒、杀三虫。这些记载，说明早在北魏及更早的时代，人们对温泉的医疗价值就已有了相当深刻的认识和研究，并将汤泉运用于养生保健中。

遵化汤泉是天然温泉，水中含有适量的硫化物，其水质对于治疗皮肤病尤其有效。对于遵化汤泉，古人有着相当丰富的养生及治疗疾病的经验和实践。

明武宗正德年间，陈瑗在《敕赐福泉禅寺碑记》和《重修福泉寺殿宇记》两篇碑文中这样写道：汤泉地方“卉木畅茂，其景最异。土脉恒春，其地其常，自适于此。厥有益于民生也，甚大者欤？”汤泉之水“垢者浴而自新，患者涤而病愈”。所以明宪宗朱见深于成化年间将这里的寺庙赐名为“福泉寺”。

明朝著名将领戚继光在其所作的《重修汤泉乞事叙文》《蓟门汤泉记》等文章中，一再提到遵化汤泉的疗效：守边将士和战马，以及在原野上放牧的牲畜，由于受风霜雨雪的侵害，经常罹患冻疮、皮癣等疾病，在遵化汤泉洗浴，能够治愈这些疾病。数万大军在汤泉洗浴后，就如同披上了厚厚的棉衣，从而可以免遭冻疮和皮肤病的困扰。战马受霜雪侵害生出疽痈，在汤泉洗过之后，就能重新奔腾咆哮，再上战场。而那些统军作战的将帅也有幸到这里来休憩和沐浴。在边塞多事的明朝，遵化汤泉可以治愈将士和战马所患的疾病，避免军队的非战斗减员。这对于边防军事和经济发展等各个方面，都有着非常积极的意义。

洗浴汤泉，还可以恢复体力，减轻人们在劳碌奔波时产生的疲劳。如明宣宗和明武宗出战乌梁海时，都曾带领大军到遵化汤泉洗浴，以除去士卒远途征战的疲惫。清太宗天聪三年，即公元1629年，千里奔袭大明朝首都北京的后金兵士，在经过激战，夺取大安口后，向马兰峪进发，路途中发现了温泉。于是纷纷脱下征衣，相继跳入水中，在这里洗了一次畅快淋漓的汤泉浴，既荡去了仆仆征尘，也驱除了身体的疲劳。

清朝定鼎中原以后，遵化汤泉更成了帝王贵族们休闲养生之地。顺治帝两次驾临汤泉；权倾一时的摄政王多尔衮于顺治十七年冬季，因心情烦闷，带着一大批王公大臣出猎京东地方，途中也来到遵化汤泉消疾除闷。据专家分析，多尔衮患有心脏病，心烦郁闷，而他在汤泉洗浴之后，收到了一定的疗效，所以他才能纵马驰驱，到喀喇河屯继续行猎；大清国母孝庄太后在这里治疗皮肤病；大臣李光地在康熙皇帝的亲自指导下，用汤泉水配以海水进行洗浴，从而治好了严重的毒疮。清朝康熙年间，四大辅政大臣如苏克萨哈等人，都在遵化汤泉建有自己的公馆。

可见，利用汤泉养生，是当时的一种时尚。

关于汤泉的养生作用，清康熙皇帝在《几暇格物编》中也曾经加以论证：温泉可以治疗疾病沉痾，这是人人都知道的。但是人们却不知道温泉养生，尤其适宜年长之人。……人至四十岁以后，筋骨稍显衰微，气脉多呈收敛状态，得到温泉水的帮助，自然就会气血怡和，精神舒畅。

清朝人查慎行在其所著的《人海记》中这样写道：距离热河九十里，入蒙古科尔沁界，其地有汤泉。康熙在坐浴汤泉之后发布上谕，对诸臣说："朕坐汤二十二处，所至必令西洋人以银碗盛水，重汤煎之。俟水干，验碗底，或硫或硝，各各不同。至其舒筋骨、和血脉，则一也。"可见康熙皇帝是一位汤泉研究的专家。

清朝李调元在诗中也强调了温泉对于风湿、骨节病等的疗效："汤泉非真汤，乃是造化炉。北冥苦沉寒，膏沃阴为储。……解衣沐磅礴，有如鸥与凫。一洗百垢身，现出雪色肤。风痺入骨疢，忽如帚扫除。安得千疲癃，坐此姿自如。博施兼济众，温暖遍穷庐。"

上图：浴汤泉　　　　　　　　　　李文惠/摄影

下图：福泉新宫流水汤汤　　　　　李文惠/摄影

近现代，随着医疗技术的进步，人们对于温泉的疗疾和养生新成果有了更进一步的认识。很多医学著作中，都提到了泡汤泉对于各种疾病的治疗效果。

据医书记载，温泉疗法是利用温泉水内服外用来防治疾病的一种方法，该疗法起始于远古时期。温泉水是具有医疗价值的地下水，由于它含有一定量的无机盐，或含有某种气体，或具有较高的温度，或者兼而有之，对人体的多种疾病能起到一定的治疗作用。洗浴汤泉，对于高血脂、高血压、颈椎病、肩周炎和皮肤病等，都有不错的效果。

对高血压病患者进行温泉治疗，效果比较令人满意。实践表明，有95%以上的Ⅰ期高血压患者和 70%的Ⅱ期高血压病患者，通过温泉疗法可使血压下降，并稳定在一定的水平。浴后一般平均降低收缩压 27 毫米汞柱（3.60 千帕），舒张压平均降低 18 毫米汞柱（2.40 千帕）。通过温泉浴疗改善大脑皮质和心血管功能，使皮肤毛细血管扩张，温泉水中的微量元素通过皮肤进入人体等综合作用，使血压下降。温泉浴能改善患者情绪，消除疲劳，这样对高血压病患者能产生一定的治疗效果。不但如此，用汤泉水调和其他中药，还可以制成美容护肤用品。它不但对治疗青春痘、痤疮、汗斑等各种皮肤病具有一定功效，还可护肤养颜，预防皮肤疾病，对人体起到滋补安神的作用。用汤泉水浸泡一些中草药进行洗浴，也可以起到养护皮肤、祛除病症的作用。

总之，汤泉养生是一项发展前景非常广阔的产业。它对于提高人们的生活质量，满足人们休闲娱乐的需求，将会起到十分重要的作用。

我国对于汤泉的治病效果，认识得是比较早的。早在汉代人所著的《山海经》一书中，对此就有所记叙。《山海经·山经·西山经》这样写丹水温泉："（不周山）又西北四百二十里，曰峚山，其上多丹木。员叶而赤茎，黄华而赤实，其味如饴，食之不饥。丹水出焉，西流注于稷泽。其中多白玉，是有玉膏。其原沸沸汤汤，黄帝是食是飨。是生玄玉。玉膏所出，以灌丹木，丹生五岁，其色乃清，五味乃馨。黄帝乃取峚山之玉荣，而投之钟山之阳。瑾瑜之玉为良，坚粟精密，浊泽而色。五色发作，以和柔刚。天地鬼神，是食是飨；君子服之，以御不祥。"这一段话，译成现代汉语就是："不周山向西北行四百二十里，有一座山名叫峚山，山上到处都长着丹树。丹树的叶子圆圆的，茎是红色的，绽开着的是黄花，结出来的果实是红色的。果实的味道，甜得像蜜糖一样，吃了以后使人不饿。丹水就是从这里发源，这股水向西流注到稷泽中。峚山中多产白玉。这里还有一种名叫玉膏的东西。玉膏从源头处喷涌而出，滚滚烫烫的，黄帝就把这里的玉膏当成早餐、午餐和晚饭来吃。这里的玉膏还会生成黑色的玉石，玉膏流出以后，便用来浇灌丹树。丹树生长了五年之后，就会开出五色俱全的花朵，飘出五味俱全的芳香。黄帝还采集这座山上的玉石精华，种植在钟山的南坡上，于是就生成了瑾和瑜这两种美玉。这两种美玉坚硬而纹理细腻，润厚而有光泽，五彩辉映，刚柔相济。天地鬼神，都用这种东西来补给精华；君子佩戴着它，可以抵御不祥来达到吉祥。”从这里我们可以看出，在古代，人们就有饮用温泉水的习惯。而且古人认为，佩戴了温泉所培育出来的美玉，还能够抵御不祥之事。

《山海经》中的这段文字，看来颇有些神奇色彩。其实关于汤泉治疗疾病的记载，在中国古代的书籍和文人的文章中，还有着不少相关的描写。

秦始皇统一中国以后，皇家对于温泉的养颜和疗疾作用，也有了更进一步的认识。关于秦始皇因亵渎了女娲娘娘而面部生疮，却又靠洗浴温泉而得以治愈的传说，正好反映了温泉能够治愈疡疮之类疾病的事实。

在汉代著名科学家张衡所著的《温泉赋》中，对温泉的疗效有一些描写。文中写道：“六气淫错，有疾疠兮。温泉汩兮，以流秽兮。蠲除疴慝，服中正兮。熙哉帝载，保性命兮。”张衡的《温泉赋》中说，对于因天地阴阳失调而引起的各种疾疠，通过洗温泉可以得到治疗。汩汩涌流的泉水，能够驱除邪气，祛掉恶疮，扶持人身的正气，以保证寿命的延长。这些，都是当时人们对于温泉治病实践的总结。

南北朝时期郦道元所著的《水经注》一书，对于温泉治病的效果，更是记载颇多。在这部书中，郦道元一再提到温泉可以“治病”。其中相关的记载达数条之多。其中写道：

灵丘滱水温泉，“其水温热若汤，能愈百疾”。

昌平桑乾城西，“去城十里有温汤，疗疾有验”。

上图：陕西黄帝陵

下图：赤城汤泉

洛城东南桥山“山下有温泉，泉上有祭堂，雕檐华宇，被于浦上，石池吐泉，汤汤其下，炎凉代序，是水灼焉无改，能治百疾，是使赴者若流”。

沮阳城东大翮山“右出温汤，疗治万病”。大翮山在延庆，按《畿辅通志》记载：“佛峪山在（延庆州）西北三十里，下有温泉，盖即大翮山也。”（清光绪年修《畿辅通志》卷六十五·舆地略二十·山川九）

遵化温泉，“养疾者不能澡其炎漂，以其过灼故也”。

武功县北渭水温泉，其水沸涌如汤，“可治百病，世清则疾愈，世浊则无验”。

鲁山皇女汤，可以疗万疾，“饮之愈百病，道士清身沐浴，一日三饮，多少自在，四十日后，身中万病愈，三虫死，学道遭难逢危，终于悔心，可以牢神存志”。

青衣水有温泉，“下汤沐浴，能治宿疾”。

夷水温泉，“疮痍百病，浴者多浴”。

诸如此类的记载，在《水经注》一书中还有很多。郦道元在考察过程中，通过到实地进行调查，耳闻目睹，见证了温泉对于各种疾病的疗效。《水经注》一书关于温泉治病效果的记载，可信程度是比较高的。

在以后的文人笔下，有着很多类似的记载。北周著名文学家庾信在其所作的《温汤碑》文中，对于温泉的疗疾效果有着概要的描述：“洒胃湔肠，兴羸起瘠。……醴泉消疾，闻乎建武之朝；神水蠲疴，在乎咸康之世。”从中我们也可以知道，以温泉水治病，其由来久矣!早在东汉之初，此事就已经被官方所重视；而到了司马氏的晋王朝，此风仍然延续不改。此后，北周王褒也在其《温汤碑》一文中这样写道：“汤谷扬涛，激水疾龙门之箭，故以地伏流黄，神泉愈疾，云云。其铭曰：挺此温谷，骊岳之阴，白矾下彻，丹沙下沉，华清驻老，飞流莹心，谷神不死，川德愈深。”洗浴温泉之水，不但可以去除疾病，甚至能够使人得以长生不老。在王褒的笔下，温泉的功效，真称得上是神乎其神了。同是北周的元苌，在他的那篇《温泉颂》中，也记叙了人们对于温泉趋之若鹜的盛况。他在颂文中说：“千方万国之民，怀疾枕病之客，莫不宿粮而来宾，疗苦于水。”可见温泉治疗疾病的效果，当时已经广泛地为世人所周知。

南北朝时北齐刘逖在其《汤泉》诗中说：“骊岫犹怀玉，新丰尚有家。

神井堪销疹，温泉足荡邪。”这些人在诗文中，也反映了当时用温泉水洗浴治病的民俗风情。

此后，《明一统志》有关于赤城汤泉的记载：“赤城汤泉在宣府镇城东一百四十里，自龙门外镇北赤城寺侧山根涌出，暴热，旁有冷泉，浴之皆可愈疾。”

《畿辅通志》在记载京郊的另一处温泉时这样写道：“笄头山，在（保安）州西南。”《隋经图》一书写道：“山有温泉，可治百病。”（《畿辅通志》卷六十五·舆地略二十·山川九）

而真正将温泉的治病功效提高到医学高度来认识的，是明朝时著名的医学家李时珍。他在其所写的医学名著《本草纲目》第五卷“水部·温汤”中，对温泉进行了分类，并做了较为详尽的记载。

李时珍在书中这样写道：温汤“释名：亦名温泉，沸泉。种类甚多，有硫磺泉，比较常见；有朱砂泉，见于新安黄山；有矾石泉，见于西安骊山。”“气味：辛、热，微毒。”“主治：筋骨挛缩，肌皮顽痹，手足不遂，眉发脱落以及各种疥癣等症。”

李时珍不但从理论上对温泉的治病功效予以阐述，还总结人们的经验，从实践上对温泉的治病疗效加以记叙。

在记载庐山温泉时，李时珍这样说道：“庐山温泉有四孔，四季皆温暖。……方士每教患有疥癣、疯癞、杨梅疮者，饮食入池，久浴后出汗，以旬日自愈也。”而在《寰宇记》这部书中，也有类似的记载：“荡女有恶疾，浴于温泉，应时而愈。”两部书中对于温泉治疗性病的疗效，都如此记载。可见，温泉对于皮肤类的疾病，无论是对普通的皮肤疾病，还是对某些性病，都是有一定疗效的。

在清朝皇帝入关前，满族在医疗技术和药物治疗方面十分落后，但是对于温泉治病的疗效却早有认识，并且十分重视。当时皇家贵族经常进行洗浴的地方，有“漠虎尔和洛昂阿之汤泉”和“巴尔喀地方之汤泉”。后来又在辽宁清河地方发现了一座温泉。

清太祖努尔哈赤曾经多次到清河温泉进行洗浴。辽远之战后，努尔哈赤因疽发于背，而到清河温泉洗浴以求治疗，并且经过治疗，努尔哈赤的疽痈一度得以好转。

清朝建都北京以后，皇家贵族曾经多次到各地的温泉进行洗浴。尤其是清圣祖玄烨，对于温泉洗浴更为喜爱。不但他自己多次到各地的温泉进行洗浴，更屡次奉祖母太皇太后到赤城温泉、昌平温泉，尤其是到遵化汤泉洗浴治疗皮肤病。经过治疗之后，太皇太后的皮肤病尽管未能彻底根除，但确实有了一定的好转。

清圣祖玄烨不但为太皇太后在汤泉修建行宫和浴池，以供其治疗皮肤病，还亲自降旨，教大臣如何利用汤泉水治疗身上的疾病。在清宫档案中，我们可以看到这些记载。

康熙五十年三月，大学士李光地“年已七十，血气益衰，三月间患苦毒疮，不能入直办事”。为此，李光地甚至想要上疏请求休致。对此，清圣祖十分关切，并赐李光地坐汤疗疾。据中国第一历史档案馆原馆长徐艺圃先生总结，玄烨教给李光地的坐汤疗法，共有六个方面。

第一，温泉沐浴有一定疗效。康熙帝对李光地说：“坐汤之法，惟满洲、蒙古、朝鲜最兴，所以知之甚详。”在总结前人经验的基础上，玄烨强调，坐汤对治疗皮肤疮毒等疾病的效果尤为显著。当时李光地奏报，自己因病已经“坐起甚艰，行步亦苦”。玄烨立即准予李光地去汤泉坐汤，并授予他坐汤疗法。经过初次到汤泉洗浴，效果颇为明显：“下体略觉平复，随于六月末旬盘跚至阁。”但是因李光地未能坚持经常坐汤，到了八月时毒疮又发，以至于“两手硬肿，七著俱废，且脓血多至数升，痒躁经夜不寐”。到九月，发展到毒疮“遍体盛发，上及发际，不能胜任衣冠，不能移动数步”。在治疗的实践中，李光地认识到，一般服药，不能治愈毒疮，“不如坐汤之有效”。因此，他两次向皇帝奏请乞赐坐汤二七或者三七。玄烨很快就答应了李光地的请求，还告诫他说：“坐汤好，须日子多些才是。”

第二，坐汤治疗与海水泡洗相结合。玄烨除降旨赐李光地泡汤治疗，还于同年九月二十三日赐予他海水两罐，并告诉他使用的方法：“海水分为六份，每日如法泡洗二次。”结果，此法确实效果显著。“其疮头皆变黄色，隔两夜疮疤落者甚多。”李光地对于这种疗效十分满意，他向皇帝奏报说：“今继之以灵泉坐洗，似可日就消减除病。”为了巩固疗效，玄烨于九月二十八日再派内阁中书延福送去海水两大罐，告诉李光地继续坚持洗浴治疗。

第三，坐汤治疗与饮食疗法相结合。玄烨告诫李光地，在“坐汤之后，饮食自然加些，还得肉食培养。羊、牛、鸡、鹅、鱼、虾之外，无可忌。饮食愈多愈好，断不可减吃食”。玄烨还亲赐野鸡、野鸭各五只，嘱咐李光地，在“饮食中留心，生冷之物不可食”。李光地按照玄烨教导之法，坚持坐汤，辅之以食疗，收到了较好的治疗效果。他向康熙皇帝奏报：“蒙皇上赐海水洗濯，仍授以坐汤及饮食起居方法，今三七已满，臣病约去五六分以上。此皆天心怜念，遂使草木更生；圣恩洪造，非言可谕。臣自观此疾气候，再得旬日澡洁，似可全愈。”

第四，病有轻重之别，坐汤之周期不同。根据病情和体质情况，坐汤有一七至三七之数，或一九至三九周期之分。在康熙的教授之下，李光地前后坐汤二七、三七、三九皆满。遂即进行“旱忌”。其理由是：“坐汤之法……向来只坐三七、三九，……想是坐汤太久恐耗气之故也。”但在坐汤暂停之后，也绝对不是不能再沾汤泉之水。玄烨又告诉李光地说：“又闻坐汤人说，旱忌时，些须坐坐无妨。”在经过一番治疗之后，至十月十九日，李光地身上的“疮毒已尽，恶疾渐除”。

第五，坐汤四季皆宜，但以立春后效果更好。李光地曾向玄烨请教适宜坐汤的时间。玄烨降谕说：“今立春已近，不如春后坐汤，似更有益。”在中国古代也有三月三日洗浴去宿疾的说法，与玄烨的这种说法恰好相吻合。

第六，坐汤与旱忌的时间周期相同。如连续坐汤三九，也应该旱忌二十七天，之后再视病情，决定是否继续坐汤。在旱忌期间，应在各方面注意调养，特别要注意“时谨风寒”。康熙五十年十二月，李光地奏报其“恶疾消除”时，玄烨仍一再告诫他“目前虽好，须谨慎寒气。明年春深时，还得坐汤二七方好”。

在利用汤泉进行治疗时，要坐满规定的时间，即三七或三九。在这一期间内，还要自始至终都在汤泉中进行浸泡，不能半途而废。如李光地在回京之后不久即疮毒复发。玄烨说这是因为“汤力未足，根株未消”。因此，李光地不得不再次回汤泉坐汤。

经过八个多月的治疗，到康熙五十年十二月，李光地的病情基本痊愈。清圣祖玄烨以自己的实践经验，为大臣李光地用温泉水治疗疾病，提供了非常有益的帮助。（见《紫禁城》1984 年 5 期）

清圣祖本人，也有着洗浴汤泉治疗疾病的实践。康熙四十二年六月，玄烨在塞北巡幸时，先是皇弟和硕恭亲王常宁于初七日病死，后来二哥和硕裕亲王福全于二十八日薨逝。为此，玄烨心情十分哀痛，又因各省频报灾情，玄烨的身体十分不适。巡幸途中的玄烨，不得不于七月二十日，到承德汤泉进行治疗。仅仅用了两天的时间，到二十二日，玄烨的身体即稍觉痊愈，于是他从承德汤泉回銮。到七月二十五日，玄烨亲手书写谕旨，谕大学士、九卿、詹事掌印、不掌印科道等官："今六月内因有二王之事，朕心不胜悲恸，至今犹未释然，又兼灾祲频告，愈加忧郁，身体不安，顷往坐汤泉，始得稍解，仍未全愈。"可见这次温泉坐汤，对于缓解玄烨的病情起到了积极作用。（《清圣祖实录》卷二一二）

在明清时期，温泉水能够治愈疾病这一点，不但在朝廷，就是在民间，也已经成为人们的广泛共识。清朝时曾经在平山县任职的王涤心，在其所著《温泉记》中写道："温泉所在多有，《博物志》云：'凡水源有石琉黄，其泉则温。'岁癸卯，余莅任蒲吾，见县志载城西四十里有温泉。下车伊始，未遑周历境内。大暑后九日，因公途经温泉。其泉在车道岭下，相距三里许，有二泉，约皆围数丈。其泉自土中沸出，四围砌以石。和气薰蒸，四时皆春，土人谓浴者常不绝。余考《华阳志》及《三秦记》所记斯臾、骊山各温泉，皆云可以去疾消病，则知其理原自不谬。"

不但中国人，而且不少的外国人，也曾到中国温泉进行洗浴，他们对于汤泉的治病功效也十分推崇。

光绪十五年（公元 1889 年）四月，日本驻北京公使馆的大鸟圭介与同伴四人游历北京昌平小汤山温泉。当时除游览了清朝行宫遗址，他们还在浴池中进行洗浴。大鸟圭介进浴池中以后，感觉异常舒服。他记载道：入池以后，"全身畅快，若有再生之想。泉质有刺冲皮肤之气，知为含曹达明矾者"。

到了晚清和民国时期，人们对于汤泉热水资源的利用，仍然停留在通过洗浴以治疗疾病的水平上。

进入现代社会以后，随着科学的发展，人们对于汤泉的功用有了更进一步的认识。

汤泉水是天然的热水，它不但有供人洗浴的功效，还能通过沐浴，达到使人身轻体健的效用。据资料报道，用温泉洗浴可治疗多种疾病。不但能治疗疮疥等疾病，还能够用于治疗牛皮癣、湿疹、神经性皮炎等慢性皮肤病。一些科学家在对温泉水质进行研究之后认为，用温泉洗浴，不仅能够治疗皮肤疾病，而且还能够起到良好的皮肤保健作用。并且，温泉水对于一些常见的疾病也具有一定的疗效，如肥胖症、运动系统疾病、创伤、慢性风湿性关节炎、神经系统疾病、神经损伤、神经炎等病症，以及早期轻度心血管系统疾病、痛风、皮肤病、腰肌劳损、坐骨神经痛等。

水温和水压的物理刺激作用，使人全身的毛细血管扩张，从而达到改善血液循环、刺激神经末梢、调节中枢神经的目的。温泉水中所包含的矿物质，有的能改善心血管功能，舒张血管，降低血脂和血压；有的能使造血器官兴奋，从而达到改善新陈代谢、促进细胞再生的目的；有的能调节内分泌，刺激内分泌腺，增强肌体抵抗力；有的能杀虫灭菌，镇痛止痒，软化皮肤，溶解角质，改善皮肤组织功能；有的还有消炎镇静等作用，对治疗关节炎和神经衰弱等有一定疗效。

所有的温泉几乎都含有丰富的矿物质。这些矿物质与水温共同作用于人体，从而就具有了保护健康、治疗疾病的效果。现代医务工作者通过实践，认为温泉对运动系统、神经系统、心血管系统、消化系统、呼吸系统、泌尿系统的不少疾病，以及妇科病、皮肤病、外科病，都有不同程度的疗效，对祛病保健、改善人体素质有不可忽视的作用。

汤泉能够治病，是因为它含有大量的矿物质。这些矿物质，主要有硫磺、明矾、盐类，还有一些放射性物质，如氡等。

矾泉，以陕西省骊山温泉最为著名。在距今 6700 余年前，它就被我们的先民所利用。到唐朝时，人们对于骊山温泉的应用，更是达到了前所未有的地步。

宋朝人秦观在其《游汤泉记》中这样写道：汤泉水“其色深碧沸白，香气袭人。爬搔委顿之病，浴之辄愈，赢粮自远而至者无虚时”。明朝万历时人朱国祯在《涌幢小品》一书中记载：“骊山泉出有二穴，朔后出左穴，望后出右穴。浇田至五里外方冷。暖水灌禾必枯，而此水无恙。其泉清澈，深五六尺，毛发都鉴。又水中蹲绿玉石，坐而浴，甚佳。”

除了骊山温泉，其他地方的温泉也有矾石泉，其治病效果也颇为明显。

矾泉中含有大量的矾石。矾石的治病效果，在明朝人李时珍所著《本草纲目》一书中，有较为详细的记载：明矾，“酸、寒、无毒”，它可以治 39 种疾病。其中外用可治的疾病达 24 种之多，分别为：喉痈肿蛾、咽喉肿痛、小舌垂长、牙齿肿痛、牙龈出血、口舌生疮、小儿鹅口疮、鼻血不止、鼻中息肉、双目赤肿、烂眼睑、耳炎、风湿膝痛、大小便不通、刀伤、漆疮作痒、牛皮癣、小儿风疹、脸上瘊子、鱼口疮、趾甲疮、鸡眼肉刺、疔疮肿毒、痈疽肿毒等。

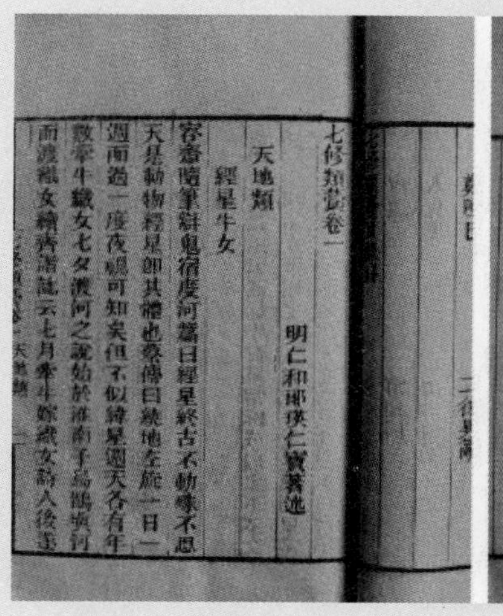
七修類稾卷一
明仁和郎瑛仁寶著述
天地類
經星牛女
容齋隨筆辯鬼宿度河篇曰經星終古不動寧不愚
天星動物經星即其體也蔡傳曰繞地左旋一日一
週而過一度夜觀可知矣但不似緯星週天各有年
數牽牛織女七夕渡河之說始於淮南子烏鵲填河
而渡織女續齊諧誌云七月牽牛嫁織女詩人後遂

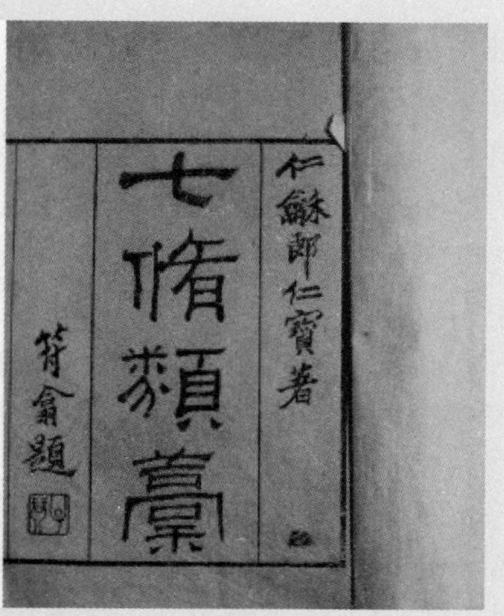
仁龢郎仁寶著
七脩類稾
符翕題

上图：郎瑛《七修类稿》

下图：福泉新宫汤泉室外浴池　　　李文惠/摄影

现代化学研究证明，明矾是无机化合物，是硫酸钾和硫酸铝的含水复盐，有涩味，医学上可用作收敛剂。因此，矾水温泉富含的铝离子能够促进伤口愈合，对慢性溃疡患者是有很大好处的。

硫磺泉，是我国境内存在最多的汤泉。明朝人郎瑛在其《七修类稿》中写道："汤泉在处有之，惟温热不同。皆有硫黄之气。"遵化汤泉，是我国为数众多的硫磺泉之一。它的泉水中，含有大量的硫磺。硫磺，除具有化学用途外，其治病效果也是十分明显的。李时珍所著《本草纲目》一书中，这样描写硫磺的医疗用途：

石硫磺，亦称硫磺、黄硇砂、黄牙、阳侯、将军。气味酸、温、有毒。

用硫磺内服或外敷，可治16种病症：腰膝寒冷无力、脚气病、伤寒阴症、积块作痛、气虚暴泄、霍乱吐泻、脾虚下白、老人时泄时秘交替出现、久疟不止、肾虚头痛、酒糟鼻、小儿耳聋、突然耳聋、一切恶疮、疥疮有虫等。

硫磺是一种非金属元素，在医学上可以用作杀虫剂，也可以用来治疗皮肤病。这就是为什么洗浴含有硫磺的汤泉，会对人们的皮肤病有明显治疗效果的原因之一。

而盐泉温泉，则较为少见。《广志》载："在湖县有盐泉，煮则为盐。"《水经注》卷三十七"夷水"条："夷水又东，与温泉三水合，大溪南北夹岸，有温泉对注，夏暖冬热，上常有雾气，疡痍百病，浴者多愈。父老传此泉先出盐，于今水有盐气。夷水有盐水之名，此亦其一也。"

《本草纲目》第十一卷"石部"：食盐，亦名盐，气味甘、咸、寒、无毒。它能够治疗14种疾病，即下部蚀疮、胸中痰饮，欲吐不出、病后两肋胀痛、下痢肛痛、风热牙痛、虫牙、齿痛出血、小舌下垂、耳鸣、眼常流泪、翳子蔽眼、身上如有虫行、蜈蚣咬、蜂虿螫、溃痈作痒等。

现代科学研究证明，盐泉中含有大量氯化钠盐分，也能够起到杀菌消毒的作用。盐还有软化皮肤角质、剥脱死皮的作用，对于牛皮癣、关节炎等病症的治疗有较大的帮助。

朱砂泉，以黄山最为有名。黄山温泉古称汤泉、朱砂泉，在紫石峰麓。用朱砂泉水泡菜，甘美爽口；用其漱口，可防牙蛀；久饮朱砂泉水，可以增进食欲，健脾胃，还可以治疗关节炎、皮肤疾病。

明朝旅行家徐霞客、清朝著名学者洪亮吉等人都曾到过此泉。而洪亮吉一生，更是数次到朱砂泉洗浴。除乾隆年间那次外，他还于壬戌年，即清仁宗嘉庆七年（公元1802年）时，又一次到黄山朱砂泉洗浴，当时洪亮吉已经57岁了。这一次洪亮吉在黄山朱砂泉洗浴，“住凡三日夕，计七浴于汤泉，而所患若失。人皆异焉”。

朱砂泉为什么会有这样神奇的疗效？就是因为它的水中含有朱砂。朱砂是一种无机化合物，是炼汞的主要矿物，又名丹砂或辰砂。它是一种镇静剂，外用可以治疗癣疥等皮肤病。

从李时珍《本草纲目》一书中，我们可以知道，朱砂也叫猩红、紫粉霜，或叫银砂。它是一种味辛、温、有毒的矿物质。主治小儿惊风、多啼、痰气结胸、水肿、咽喉疼痛、火焰丹毒、烫伤、烧伤、背疽、鱼脐疔、杨梅毒、筋骨疼痛、顽疮久不收口、血风臁疮、黄水湿疮、癣疮、头上生虱等十五种疾病。

碳酸温泉水虽然水温较低，但是用它进行温浴之后，可以使毛细血管扩张，血压下降，从而对高血压、心脏病、风湿、关节炎、手足血液循环不畅等症有所改善。

铁泉含有二价或三价铁离子，与空气中的氧原子结合，会产生氧化铁，有治疗慢性风湿病、腰脚痛、痔疮、月经不调和各种癣病的功效。

总之，天然温泉对于治疗人类的很多种疾病，都有着一定的效力。

但是，洗浴温泉与一般洗浴不同，应该遵循一定的方法。一般地说，在温泉进行洗浴，应该按照以下几个步骤进行。

首先要对泉水的温度有一个准确的了解，不要猛然跳入池中。必须在经过试探之后，再慢慢地将整个身体浸入池内进行浸泡。浸泡温泉，要先从脚部开始，并用手撩水一点一点地淋湿全身，等到逐渐地适应水温之后，再将全身浸入水中。

有些温泉浴池设有温度不同的水池，在洗浴时，要遵循循序渐进的原则。要按照先进入低温水池，再逐步进入较高温度的水池的顺序入水，以使身体一点点地适应池水的温度。

一般的温泉浴，要按每次浸泡20～30分钟，再休息20～30分钟的时间间隔，反复进行浸泡。在浸泡的过程中，要注意自己身体的反应，适度喝水、休息，并在池岸上做些较为轻微的活动。如在泡池过程中发现心跳加速和呼吸困难的情况，要及时加以处理，以免造成危险。

在泡汤过程中，如果能够结合自己的身体状况，在相关的穴位进行相应的按摩，治疗的效果会更好。

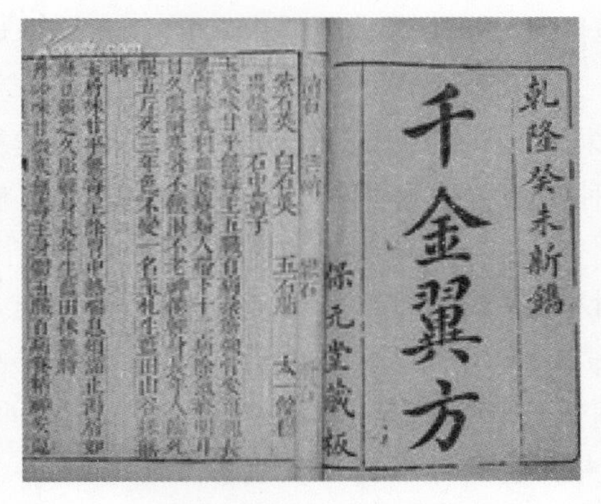
乾隆癸未新鐫
千金翼方
保元堂藏板

唐人孙思邈著《千金翼方》

在用温泉水洗浴和浸泡过程中，不用或少用洗发水和肥皂。浸泡之后，要用清水冲净身体。这样，既可以避免洗发水和肥皂对温泉水造成污染，还能够使一些对人体有益的矿物质，尽可能地保存在皮肤表面，提高温泉水的治病疗效。

浸泡完成后，要适当地饮用一些淡盐水、温开水或绿茶。

同时，如能够结合中医药进行洗浴，对于人们的健身和美容，都将产生很好的效果。

唐朝时妃子们洗澡时，还在水中放了药材。唐代“医圣”孙思邈的《千金翼方》卷五中，就有一则专门用于洗澡的药方：丁香、沉香、青木香、真珠、玉屑、蜀水花、桃花、钟乳粉、木瓜花、柰花、梨花、红莲花、李花、樱桃花。

这剂药方的制法是：把“花、香分别捣碎，再将真珠、玉屑研成粉，合和大豆末，研之千遍，密贮。常用洗手面作妆，坚持一百天，其面如玉，光净润泽，臭气粉滓皆除”。脖颈和臂膊等处，如坚持用此药洗浴，效果也是一样。洗药澡不仅使皮肤白皙，而且能够防疫健体，所以这种治疗方法历时久远而不衰。元代妃子洗澡的“漾碧池”旁有一口“香泉潭”，“香泉潭”积香水以注入“漾碧池”中。有一名宫女，就是因为洗香水澡愈益显出体白面红，似桃花含露，从而赢得了皇帝的欢心，称她为“夭桃女”“赛桃夫人”。在水中放香料洗澡，并不是始于元代。这香料的成分，在很大程度上就是中草药材。宋代东京汴梁的药铺就曾经出售专门的“洗面药”。元杂剧《谢天香》细致刻画了妇女用“熬麸浆细香澡豆”洗浴的场景，这标志着“药澡方”已很盛行。清代四川什邡人张师古所著农学专著《三农纪》一书，直接将“枸杞煎汤”洗澡药方作为健身之道向人们推荐。有人将名贵药材檀香、麝香、藏红花、雪莲花、红景天经过提炼，制成藏药液，与温泉水一起用于洗浴，可以收到增加人体免疫力、抗疲劳、滋阴壮阳的功效。也有人将新鲜牛奶、小麦胚芽等物放在一起，用温泉水进行泡浴，进而收到嫩肤、增白、润泽皮肤、美容驻颜的效果。此方如能长期使用，会收到肌肤光滑、富有弹性的功效。

当然，对于汤泉水的疗效，我们还要科学地来看待。某些疾病，我们不能完全倚赖于汤泉治疗，要遵照医嘱进行，以免延误病情。同时，在进行温泉治病时，还要讲究科学的方法，不能盲目进行，以避免因方式、方法不当，造成对人身体的损害。

另外，还要注意，某些重症、急症病人，要避免洗温泉浴。如出血症、传染病、较重的心脏病、晚期高血压、恶性肿瘤患者，都不要泡温泉浴；病情较轻的患者，也需要在医生的指导下才可以进入温泉进行治疗。而一些病症，通过浸泡温泉，虽然能够减轻，但是并不能够彻底去除病根。

如清朝的孝庄文皇后，一生中虽然多次到昌平、赤城、遵化等地的温泉进行洗浴，治疗皮肤病，但是并没有能够完全治愈。康熙二十六年十二月，孝庄文皇后终因“疹患骤作，一旬以内渐觉沉笃”，虽经大内御医们一再抢救，终于无效，于当年十二月二十五日夜病逝。此为温泉水不能包治百病、不能根治某些疾病的一个明证。

因此，对待温泉，要合理利用，讲究方法，注意适度，科学对待，不要产生不应有的依赖心理。

2. 综合利用汤泉水

近年来，由于科学的进一步发展，人们对于汤泉水作用的研究，也进一步地深化。对于地下汤泉的功用的认识，已经不再局限于治病疗疾这一较为肤浅的层面上了。根据汤泉水质的不同、温度的不同，对于温泉水的利用，现代人也采取了相应的、更为科学的方法。

按照地热勘查国家标准 GB 11615—89 的规定，根据各地地下汤泉水的温度，将温泉分为高温、中温、低温三个级别。

高温汤泉，是指那些水温大于或等于 150 °C 的汤泉，主要用于发电、烘干、采暖、制冷等方面；中温温泉，则是指那些水温大于或等于 90 °C，小于 150 °C 的汤泉，在工业上，同样可以用于烘干、发电、取暖和制冷等方面；而低温汤泉，则是指那些温度小于 90 °C 摄氏度，高于 25 °C 的汤泉。它们又可以分成三类，即热水、温热水和温水。那些高于或等于 60 °C，小于 90 °C 的温泉水，被称为热水，可以用于采暖和其他一些工艺流程。高于或等于 40 °C，低于 60 °C 的温泉水，称为温热水，其作用主要是医疗、洗浴和用于温室。而那些温度高于或等于 25 °C，低于 40 °C 的温泉水，则通常用于农业灌溉、水产养殖和土壤加工。

在温泉水的利用过程中，科学的方法是将以上各种用途结合起来，对温泉水加以综合利用。

目前，我国对于温泉水的利用，绝大部分还停留在一个较为原始的水平上，很多地方甚至是在掠夺性地使用温泉资源。这样做必然会导致地下水位急剧下降。一些地方以前到处都是涌流的温泉，而现在却逐渐出现了断流。

对此，不少专家表示了深深的忧虑。他们指出：一些地区不顾水文条件强行打井，这种竭泽而渔的做法，会使资源被迅速耗尽。如果我们对于温泉这一宝贵的地下资源不能合理、科学地利用，就会出现资源被破坏的现象，甚至会产生资源枯竭的恶果。在我国的地热资源利用上，就有令人心痛的先例。

如在 20 世纪 70 年代，北京的地热井一般只打到 1000 米深就会有热水流出，而 21 世纪很多水井打到 3000 多米甚至 4000 多米，才能够打出热水。这种不顾自然条件任意而为的做法，只会耗尽资源，破坏地质结构。

有专家指出，温泉是在特定的地热环境条件下形成的，是一种十分宝贵的自然资源。这种资源位于地下的深处，形成周期长，开采后难以用人工的办法或用天然降水迅速地加以补给，过度开采会造成水位急剧下降或者是资源枯竭。

这并非危言耸听，而是有着活生生的例子摆在我们的眼前。

我国西部某地，原来有一处著名的天然热洞。据 12 年前到过这里的朱顺知教授说：那时，热洞内有两处温泉，其温度分别为 41 °C 和 39 °C，初步测算自流量为每天 500 吨以上。这座山洞内面积很大，并且洞口很小，洞内的热气聚集，形成了一个天然的热洞。当时，记者随同朱教授刚来到洞口时，就感觉到洞中温泉散发出来的热气扑面而来。进入洞中以后，可以感受到洞中热气逼人。人在洞中不到 5 分钟，就已经是大汗

上图：汤派泉宫　　　　　李文惠/摄影

下图：汤泉宫浴室　　　　李文惠/摄影

淋漓了，就如同洗了一次桑拿。经过考察之后，朱顺知教授认为，像这样的天然洞穴，其规模可算“亚洲第一热洞”，朱教授称之为“天然桑拿”，并将其定性为“国宝”。

可是，仅仅过了 12 年，当朱教授再次来到这里时，所看到的景象令其十分震惊：洞内原本热气腾腾的温泉水早已枯干，热洞因此而变成了冷洞。洞中原有泉流汩汩的泡池中，堆满了鸟粪、蝙蝠粪和灰尘。

据知情人说，热洞之所以干枯，就是由于缺乏对温泉资源的科学控制利用。这个城镇上，原有天然温泉 48 处，自 1997 年以后，这里进入了旅游大开发时期。一批开发商到这里兴建度假村，为了攫取地下温泉资源，这里不到一公里的范围内，竟先后打出了 5 眼温泉井。这些深井，严重地影响了热洞中温泉的出水量。3 年前，洞内温泉已经出现了断流的现象，但是并没有引起人们的重视，最终导致了“亚洲第一热洞”内的温泉干涸。而出现这种情况的直接原因，就是前些年对可持续利用温泉认识不够。

而今，“中国第一热洞”断流了！《北京新报》记者李国在《温泉粗放开采，“中国第一热洞”断流了》这篇文章中慨叹道：

> 这个曾被千万人沐浴过、不知冒了多少年热气的温泉热洞，本应源源不断造福人类，可被众多的开发者来了个釜底抽薪，终于泉断气绝。
>
> 大自然赐给人类的美好资源，再次被人类自己无情地破坏掉，岂不是一大悲哀。
>
> 悲哀之余，应给人们带来更多、更深的思考。

是的，面对这种情况，我们不能仅仅是悲哀，更应该及早地考虑如何制止这种做法，合理利用资源，以保证汤泉开发的可持续发展。

对此，一些有识之士已经做出了自己的尝试。

2004 年 11 月 23 日《江南时报》第四版发表了一篇署名史婷婷的文章。这篇文章的作者在文中引用中国能源研究会地热专业委员会副秘书长郑克棪的话，为中国温泉的合理利用与开发支了科学的一招。文章中说：

目前国内利用地热的最好范例是北京丰台区王佐镇的南宫村，对温泉的利用达到四级。

2000 年 10 月 28 日，南宫村打成第一眼地热井，出水为 72 °C。地热水首先用于供暖，用去 24 °C 热能，从暖气片出来的热水降到 48 °C。第二级是送入 12000 平方米的温泉垂钓中心，提供地板供暖，这里有标准游泳池、跳水池、游乐池。热水在这里使用后只有 30 °C 多了。第三级就是水产养殖，温泉特种水产养殖中心建筑面积 5000 平方米，共设四个室内养殖车间和两个室外温泉养殖车间。这之后热水就已低于 30 °C，再引到占地 350 亩的温泉种植采摘基地，进行特菜和花卉以及各种时鲜果品种植。

最后，热水降到 20 °C，仍可排入温泉公园的湖里，使其冬天不结冰，绿水长清。南宫村正准备打第二眼井，将用过的热水回灌到地下，以保证地下热水资源不会枯竭。

温泉是可再生的资源，但是也不能无度利用，更不能野蛮开发。在开发遵化汤泉时，北京市丰台区王佐镇南宫村的经验，以及西部地区某镇的教训，都值得我们认真学习和借鉴。

遵化汤泉的水温，与北京市丰台区王佐镇南宫村的温泉的水温相近，同属高于或等于 60 °C，小于 90 °C，被称为“热水”的温泉水。

20 世纪 70 年代末，唐山市总工会在遵化汤泉建起了一座工人疗养院。它利用天然的汤泉水，为唐山市及全国其他地区的劳动者提供了舒适的疗养场所。这座工人疗养院的成立，给我国的工人和各界劳动者恢复身体健康创造了比较优越的条件。

但是，过去的遵化汤泉开发，仅仅停留在用温泉水洗浴和浸泡、治病疗疾的低层面的利用上。随着形势的发展，这种情况已经越来越不能适应当前人民群众日益增长的生活需要了，而且目前这种对于汤泉水的利用形式，与合理利用资源、综合开发资源的科学要求，也越来越不相适应，亟须加以完善和改进。

随着遵化汤泉热水资源开发的日益深入，遵化市人民政府对于汤泉的开发与利用也日益重视。首先投资 3800 万元人民币，修建了一条从提举坞到汤泉的，宽 21 米，长 8.2 千米，连通邦宽线的公路。这条公路的修建，为北京、天津、唐山、秦皇岛等大中城市的广大群众到遵化汤泉来观光疗养提供了极大的方便。

为了科学地开发和利用汤泉，遵化市政府还聘请中国科学院地理科学与资源研究所旅游研究与规划设计中心、上海同济大学设计院，对遵化旅游的总体开发以及汤泉的综合利用进行了规划设计。这些做法，画出了汤泉地区的发展蓝图，也为遵化汤泉的科学发展提供了制度上的保证。

在遵化汤泉的开发过程中，我们如果能够借鉴其他地方的成功经验，合理地利用资源，则汤泉之水可以永续利用。

遵化汤泉地下水资源的保护与利用，应该从以下几个方面进行。

其一，对于地下温泉水要取之有度，用之有节，合理配置资源。在制订遵化汤泉的规划时，要考虑到自然资源供给的有限性。必须把长远利益与现实利益相结合，把当前利益与国家发展的生态安全相结合，使自然资源在开发与利用中永续利用，兼顾开发与保护，在开发中注重保护。从对地下热水利用总量上进行控制，在汤泉开发利用上不搞一哄而上。不要把汤泉当成是取之不尽用之不竭的钱袋，而应将其看成是祖先留给我们的财富，知道珍惜，懂得如何在利用的同时进行充分地保护。对于每一眼温泉井，都要按照自然情况的需要，科学地设置出一定区域的水源保护范围，以保证每一眼井的温泉水，都有充足的地下水来源。对于那些不按规划用水的用户，则要坚决依法予以取缔。

其二，应该加强上关水库这一地下水补给资源的保护。温泉是一种可再生的资源，但是对它的使用也不能无度进行。在使用地下温泉资源的同时，更要注重于养护温泉水资源。遵化汤泉的开发，既要注意汤泉周围环境的保护，更要注意水源的涵养。要加强对上关湖这一温泉水人造供给库的保护，联合有关部门，对上关湖水及时足量予以补充。

其三，除依靠上关湖水补充地下温泉水资源外，还要加强对地下温泉水的回灌，应通过相关专业技术部门的考察和勘探，对采出的温泉水，在使用之后，再通过科学合理的方法加以回灌，以保护水资源合理、科学地再生循环使用。

其四，注意温泉水的综合利用。遵化汤泉水之高热，在历史上有名，其温度最高达到 72 °C 左右。这种有利的自然条件，为汤泉水的综合利用打下了良好的基础。在利用汤泉水时，可以按水温的阶梯性进行使用。除了洗浴外，还可以充分利用温泉水资源进行室内取暖、洗浴治病、疗养健身、游泳培训、养殖垂钓、温室花卉种植、提高土地温度等项目的开发，以使有限的资源得到尽可能充分、高效的利用。

其五，对于遵化汤泉蕴涵的历史文化，要进行深入挖掘，进而提高遵化汤泉的文化品位。在此基础之上，不但要将遵化汤泉建成自然旅游景点，还要将其建成历史文化旅游景点，更深入、更科学地利用汤泉资源。使汤泉丰富的历史文化积淀，成为招徕游客的一块金字招牌。

其六，科学规划，尊重历史，综合利用资源。通过科学的考证，弄清历史上的汤泉建筑物有哪些特点，在此区域内，积淀着哪些历史与文化。在建设过程中，注意恢复历史上的古建筑物的原貌，充分体现汤泉的文化特点。避免那种千人一面、千篇一律的开发模式，走出一条有遵化自己特色的汤泉开发、利用之路。

总之，遵化汤泉的开发，要尊重历史，尊重现实，尊重自然，注重涵养资源，走可持续发展的道路，不要竭泽而渔。只有这样，才能够使宝贵的温泉资源得到永续利用。

3．汤泉深山藏妙景

遵化汤泉在市区西北三十余里的福泉山脚下。福泉山，又名茅山。此地群峰耸立，放眼北望，只见青山巍峨，绿水萦绕。每逢春夏之交，遥望蜿蜒起伏的燕山余脉，只见山花烂漫，满山遍野，红紫不断。而漫山遍野怪石林立，嶙峋瘦削，更是天然生成，全无刀削斧凿之痕。

在戚继光文集《止止堂集》中，有很多关于遵化汤泉景物的记载，其所撰《九新堂题语》一文，写了他游览汤泉之北茅山后的感慨：“山北许里，有石多奇，而未有名之者，余乃各为之名，尤藉司马刘公名其洞以‘仙舟’，而杨公特书之，及诸公吟咏，刻于洞。”在《蓟门汤泉记》一文，除仙舟洞外，还提到福泉山后山古塔浮屠、萧后妆楼、试剑桥、普陀岩、经石岩、出岫峰、仙掌峰、振缨将军、仙舟洞等美景。由于时代的变迁和岁月的剥蚀，有些人造景观已经荡然无存，如萧后妆楼和古塔浮屠。而那些自然形成的佳景，却仍巍然屹立在深山之中，吸引着众多的游客。

除以上旧时景物外，在汤泉西北还建成一座人工湖，成为汤泉旅游的又一个亮点。

将军振缨

将军振缨石，在茅山仙舟洞西北。其石高 3 米有余，宽 60 厘米，厚 40 厘米。此石在山腰上巍然挺立。南面看，石上凹凸起伏，嶙峋瘦削，既似武将身披铠甲，又似太湖所产奇石，有玲珑剔透之感；而其背面除留有两处人工所凿痕迹之外，他处均平坦润滑。远望此石，犹如翘首北瞰长城。明朝人戚继光在《蓟门汤泉记》一文中写道："有石独立，犹将军振缨北瞰。"对此大加赞赏。将军振缨石乃自然形成，浑然一气，无斧凿之痕，令人看后无不惊羡天工造物之精巧。

山神之庙

山神之庙位于将军振缨石之北约 5 米处。山上有一块巨大的豆渣石，不知何年，有人将山石凿成一座深 30 厘米，高 50 厘米，宽 40 厘米的神龛。龛顶上用红漆写有"山神庙"三个大字，龛内有神像一尊，身穿甲胄，体髹黄漆，望之凛凛生威。

八角凉亭

在将军振缨石之东，旧有凉亭一座。此亭为明朝蓟镇总兵戚继光所建。清朝康熙皇帝玄烨曾经到过此处，并写有一首诗，诗名为《雨后经明总兵戚继光所作八角石亭》。康熙皇帝在诗中对戚继光所建的丰功伟业给予了充分的肯定。今八角亭已毁，亭上支撑的石柱已失，其下的天然石座已经被人劈开，但是亭子的柱础痕迹仍然清晰可见。

鹰嘴石岩

鹰嘴石岩位于将军振缨石之西约 20 米处。在稍显平坦的山间小路上，一块奇石突兀而起。远远望去，只见其石如雄鹰傲立。细看时，鹰喙坚

上图：将军振缨石　　　　　　李文惠/摄影

下图：试剑桥　　　　　　　　李文惠/摄影

如铁钩，鸟身上耸，有欲展翅高飞之势。鹰嘴石虽属天成，却惟妙惟肖。看过之后，不禁令人慨叹：自然之力，胜过人工之巧百倍。

试剑桥

从将军振缨石向北，攀缘绝壁曲折而上，茅山北坡半山腰有一处大石头，中间整齐地开裂为四块。这就是明朝大将军戚继光所记的“试剑桥”。此石高 4 米有余，整体宽达 6 米多。中间开裂处，似斧砍刀削一样平滑。两片石缝之间，仅可容一人侧身而过。大石周围荆棘丛生，如能攀登到巨石顶上，则可将四围山景一览无余。

仙掌峰

在试剑桥偏东南地方，翻过一道山梁，即可到达仙掌峰。仙掌峰处于万丛包围之中。巨石周围万木葱翠，而其顶部面积宽阔，竟达到 10 平方米。其形状平坦如同手掌心，故名。

仙舟洞

由将军振缨石折而向南，进入此山东麓的一条山沟内，一座山洞赫然入目。这座山洞，就是赫赫有名的仙舟洞。仙舟洞深约有 6 米，洞口宽度 1 米，高不足 2 米。戚继光在《蓟门汤泉记》一文中这样记载道：从振缨石“勃然右转，石洞口仅三尺，伛偻而入，中款如舫，为万石最奇处，名之曰仙舟洞云”。在《止止堂集》中，载有戚继光所作的《仙舟洞》一诗。当时，蓟镇总兵戚继光还曾经邀请兵部侍郎刘应节、蓟辽总督杨兆等人，到仙舟洞中饮酒。诗酒兴酣之时，刘应节给此洞命名为“仙舟”，并由杨兆挥毫书丹。其余各位赴席之人，则各自赋写诗词，并请人镌刻于仙舟洞内。

汤泉摩崖石刻

在汤泉村北群山掩映之中，巨大的岩石上刻有两处擘窠大字。这两处摩崖石刻上的字，为清末东陵副都统连璧（字浩然）所书。

上图：仙舟洞遗址　　　　　　　　李文惠/摄影

下图：摩崖石刻："龙蟠虎踞"　　　　李文惠/摄影

上图：清朝浩然题“灵岩叠翠”　　　　　　李文惠/摄影

下图：栗树掩映下的“灵岩叠翠”石刻　　　徐丽丽/摄影

龙蟠虎踞：在汤泉村北 1000 米处深山之中，一石突兀而起，上刻清末书法家浩然的书法作品“龙蟠虎踞”。

灵岩叠翠：在“龙蟠虎踞”石刻北 1000 米处深山之中，有一面石岩悬空壁立，似屏似障，在高耸的豆渣石峭壁上，雕刻擘窠大字“灵岩叠翠”。其下落款时间是清光绪戊申年，即光绪三十四年，公元 1908 年。

上关湖

上关湖是遵化县 1974 年兴工修建的一座人工湖。整个上关湖，地跨唐山、承德两市。丰水季节，湖面面积达 3630 市亩，最深水位达到 20 余米，蓄水量达到 230 多万立方米。上关周围风光秀丽，群山环抱之中，一汪幽深的湖水，碧波荡漾，蓝天白云在波光粼粼的湖水里旖旎多姿。

上关湖美丽的风光，吸引着众多文人骚客的目光。1987 年，国内几位著名画家投资，在上关湖上一座面积为 30 000 平方米的天然小岛上建起了度假别墅。每逢节假日，岛上欢歌笑语，书墨飘香，洋溢着浓郁的文化气息。

在修建上关湖的同时，遵化县人民政府还在上关湖旁恢复了一条长达 100 余米的长城。这段长城，如一条巨龙，头部探入上关湖之内，尾部盘旋于莽莽青山之中，气势十分恢宏。

为了给游客提供方便，旅游景区管理处还购置了十余艘旅游观光汽艇。在浩荡的湖面上，吹着习习的凉风，欣赏着湖光山色，不禁令人生出天地苍茫、水天一色的豪迈情怀。

深山环抱中的上关湖不但是一处风光旖旎的景区，还是汤泉热水的补给库。烟波浩渺的上关湖在为广大游客提供无穷乐趣的同时，也给汤泉提供了源源不断的水源。

上关湖由于景色优美，服务周到，设施齐全，于 2004 年 12 月被国家旅游局评为 2A 级景区。

遵化汤泉景区融古今文化于一体，汇聚人文景观和自然风光于一身，有着丰富的文物资源和旅游资源。

美丽的上关湖　　李文惠/摄影

身为蓟镇总兵的戚继光在遵化等地生活了16年。他不但对北方的人民有着深厚的感情，而且对汤泉的风光极为赞赏，其在《重修汤泉乞文叙事》中描述道：自山脚到山洞，一块块的石头，一座耸立的山峰，显露出多姿多彩的景色，可是这些景色至今却还埋没在荒草和灌木之中，真令人为之扼腕惋惜。倘若有著名的贤人将这些景色向世俗介绍，使以后千百年间到这里来游览美景的人，知道这里有某某山峰、某某石洞、某某山岩、某某山石，以使它们在蓟州地方被称为奇景的话，那么山神是非常幸运的，我戚继光也是非常幸运的。字里行间充满着作者对汤泉神水的称道，对满目青山蔚然深秀风光的赞美。从而也证明，汤泉的山山水水，深深地敲动着戚继光这位古代名将的心扉。

在日益厌倦喧嚣的城市生活的今天，人们对于自然风光更加心驰神往。汤泉神奇的瀵泉，烂漫的山花，诡异的怪石，幽深的碧水，将会给人们的假日生活增添新鲜的内容，带来无穷的乐趣！

遵化汤泉有着厚重的历史文化积淀。到这里来，不但能够享受到天然温泉水的沐浴，还可以从中领略中华民族优秀的传统文化，同时也能够观赏汤泉周围的湖光山色，大饱眼福。

遵化汤泉，融融的地下温泉水可以疗疾，奇丽的群山秀色宜人，是一处不可多得的休闲胜地。

附录一

关于汤泉遗址开发和利用的几点建议

晏子有

我是一名文物工作者，从事文物工作已有三十多年。出于对于我市文物保护和旅游发展的事业心和责任感，为我市汤泉遗址的科学开发，提出几点建议，敬请各位领导予以关注。

汤泉是我市境内一处十分重要的历史文化遗存，其价值可与清东陵相媲美，是我市具有重要价值的历史文化载体。遵化汤泉这个独一无二的历史文化遗迹，给我市的文化历史研究提供了无可替代的实物见证，尤其是唐山市总工会疗养院和汤泉乡政府院内的汤泉遗址，是珍贵无比的历史文化遗迹。在汤泉开发中，必须把汤泉的历史文化提高到一个相应的高度来认识，并以此作为汤泉开发的重要基础。

在汤泉的开发过程中，要依托历史遗迹，进而促进文化旅游的健康持久发展。

人们常说，民族的才是世界的。只有抓住了文物本身的本土特色，深入挖掘其中的文化内涵，才能够做出自己的旅游开发品牌。遵化汤泉的开发，也应该注意这一点。

今天，对于天然汤泉的开发和利用，在世界范围内已经形成一股热潮；天然的地下温泉，在世界上可说是星罗棋布。仅在我国，有记载的天然汤泉就达1000余处。因此，仅就天然汤泉本身来做开发文章，肯定无法凸显遵化汤泉独有的个性，无法吸引世界各地客人的目光。而遵化汤泉所蕴含的深厚历史文化，它特有的与历代封建王朝，如唐代、辽代和明、清皇家的密切关系，以及往来于此的文士和达官贵人留下的深厚文化内涵，才是汤泉开发利用，吸引众多游客不可或缺的坚实基础。这个基础，就寄寓在汤泉遗址上。只有抓住汤泉所独具的历史和文化特色，恢复这里具有古典特色的园林式建筑，使之与其他几处洗浴设施相互辉映，才能最大限度地提高汤泉的经济和社会效益。无论从哪个角度来考虑，汤泉都是一个必须重点保护的历史文化遗址。

并且，清朝乾隆时期，马兰镇总兵布兰泰所著的《昌瑞山万年统志》一书，为汤泉的皇家建筑和寺院建筑留下了一幅珍贵的历史画图，为我们科学开发，恢复汤泉历史面貌提供了相当可靠的依据。

目前，汤泉的开发处在一个关键时刻，众多的开发商看好汤泉开发的巨大经济利益。这对于我市的经济发展，当然会起到积极的推进作用。但是，在开发中，我们不能仅仅热衷于兴建现代建筑物，更应该重视恢复汤泉的历史文化和古代建筑，借助独特的历史文化，来提升汤泉的历史文化价值和经济价值。

遵化汤泉的开发，是遵化市发展的一个热门经济项目，同时它也应该成为一个内容极其深刻、内涵十分丰富的历史文化课题。尤其是汤泉遗址的开发，不应该简单停留在建造几座洗浴中心这种粗放式开发的水平上，而要重视对其悠久历史文化的保护，通过进行科学发掘与考证，在此基础上精心规划，把它做成一个保存历史文化精髓，同时也适合现代人审美旅游、沐浴休闲的建筑精品。

一、遵化汤泉历史与文化

遵化汤泉的历史非常悠久。远在南北朝时期，它就被写入郦道元的地理名著《水经注》中。在以后的漫长岁月里，唐太宗、辽萧太后等政治家和军事家，其他各个朝代的一些皇帝、王公贵族，以及一些文学巨匠、风水大师们，也曾经来过这里，使遵化汤泉这一隐藏在深山中的天然珍珠，更加放射出耀眼的异彩；到了封建社会晚期的明朝，作为明王朝边塞的军事重镇，遵化城一时成为众多朝廷大员聚集之所。而遵化汤泉也因其环境幽雅、泉水治病养生富有疗效而声名远播于天下。明朝时期众多的历史事件，都和这里有千丝万缕的联系。如明宣宗出兵征乌梁海，明武宗宫人汤泉留诗，戚继光训练防边士卒，兵部侍郎、蓟辽总督等朝廷大员到汤泉检阅守边兵将等。这些重大历史事件，给遵化汤泉的历史留下了浓墨重彩的一笔，也极大地丰富了其历史文化底蕴。

清朝初期的顺治和康熙两代皇帝，曾经多次到过遵化汤泉。跟随两位帝王，一些权倾朝野的王公重臣，都曾在这里驻足，如多尔衮、济尔哈朗、明珠、李光地等。尤其是康熙时期，在这里修建了供皇太后洗浴的行宫，朝中的达官贵人如鳌拜、苏克萨哈等人，都在这里建有自己休闲沐浴的馆所。毛奇龄、徐乾学、施闰章，尤其是《古今图书集成》一书的主编陈梦雷等历史文化名人，也在这里留下大量歌颂汤泉的诗词文赋。

清朝时期，汤泉不但建筑过宏敞的行宫，兴修过众多的皇家浴池，还修缮了从唐代始建的福泉寺以及观音殿等建筑。明清两代，更在此雕镌过如林的碑刻。历经“文化大革命”的劫难，这些建筑和碑刻，虽大多已不存在了，但汤泉目前仍存有流杯亭、总池和六棱石幢等古代建筑，并于 2008 年被河北省人民政府批准为重点文物保护单位。

在长达 1600 余年的时间里，遵化汤泉地上和地下留下的大量历史文物，有着难以估量的历史和文化价值。不但目前地面上硕果仅存的文物非常珍贵，而且连其周围的汤泉旧址，也是十分重要的文物遗址，有非常重要的传统文化遗存。这些内涵深刻、灿烂多彩的文化符号，给今天科学开发汤泉遗址提供了难得的契机。

对这些珍贵的文化财富，在进行开发和利用的时候，绝不能采取常规的办法，而必须认真地加以科学论证、周密调查和深入研究。对于这一珍贵的历史文物如何保护和利用，是摆在我们面前的一个意义非常重大的课题，值得我们认真研究。

二、几点建议

对于河北省级重点文物保护单位遵化汤泉遗址的开发，作为一名从事文物工作多年的人员，我认为应该采取慎而又慎的态度。建议从以下几个方面入手，真正保护文物，深入挖掘其重要价值，充分发挥其社会和经济效益。

（一）挖掘遵化汤泉内涵，真正认识其重要价值

遵化汤泉遗址的价值，不仅在于它是一个曾经为历代人们提供过休闲洗浴的场所，更在于它是一个与许多历史事件有着密切关系的载体。在这块土地上，曾经发生过许许多多与中国历史紧密相关的事情，也承载了太多的文化。关于历史汤泉的记载，散见于各种古籍之中，把这些分布于各种古籍中的散珠碎玉收集起来，编辑成一部精品荟萃的历史和文化专著，这对于提高汤泉的文化品位，提升汤泉的价值，有着极其重要的意义。

通过搜集散存于各种史籍中的资料，把历史上涉及遵化汤泉的文章、诗词等整理成书，从而给汤泉的科学开发决策提供依据。在依水源房地产公司的资助下，我已经完成了一部十七万字的专著，并已经正式出版，目前正在进一步搜集和完善有关资料。

整理这段历史，对于推进我市的历史研究，也有着非常重要的作用。因为在历史上，遵化曾经有一段时间属少数民族契丹族所建的辽国管辖。但在以汉族为正统的封建社会正史中，对此虽有记载，却是语焉不详。而在汤泉地方，却曾经留下过辽代统治者的生活痕迹。通过对辽萧太后梳妆楼等汤泉历史文物基址的考古，将对填补遵化在辽、金时期的历史空白，产生积极的意义。

（二）结合考古，对汤泉进行科学考察

遵化汤泉的历史，不但在明、清时期有明确记载，在散见的史籍中，至少还可以追溯到辽国时期，或者更早一些。

汤泉的建筑物规模，在明、清时期达到鼎盛。明朝时期汤泉建筑规模和布局，在戚继光所著的《蓟门汤泉记》一文中有详细的记载，在汤泉遗存的明朝六棱石幢上，也明确地标注出经戚继光重建后，汤泉的主要建筑物位置及名称。清初兴建和改建的行宫，以及从唐朝时期就存在的福泉寺等建筑，是汤泉鼎盛时期的标志性建筑物。它们对于我们了解汤泉的历史，探索时代的痕迹，有着重要的实物证明作用。遗憾的是，这些建筑的地上部分，已经在“文化大革命”时期被破坏殆尽，但其基础部分，除一小部分在疗养院建楼时有所破坏外，其他主要部位基本还存在，这对汤泉遗址的科学考古，是一个非常有利的条件。

建议在开发汤泉时，对包括现在的唐山市总工会疗养院和汤泉乡政府所占地方，按照《中华人民共和国文物保护法》的规定，认真进行发掘和勘探，真正从地下遗留的文物基址上，探清这些历史建筑的原貌，进而厘清明、清甚至以前各个时期，在汤泉所存在的建筑物的本来面貌，为开发汤泉提供科学的依据。勘探和发掘的资金，除按照有关法律规定由开发商承担外，还可以通过省文物局申请一部分，以期把这项工作真正做好。通过发掘，可以对明、清时期的汤泉建筑布局和建筑形式有一个准确的了解。同时还可以通过发掘，发现过去掩藏在地下的珍贵文物，以弥补辽代在遵化这一地区的历史空白。

考古工作，对于挖掘和保存历史文化遗产，有着极其重要的作用。

如陕西华清池，在开始开发时，就十分重视这项工作。经过努力，把史籍中记载的骊山温泉的历史，从西周末期提前到原始社会的姜寨文化时期，同时也基本理清了唐朝时期华清池的建筑布局，这对提高骊山汤泉的知名度起了很大作用。我们应该学习骊山汤泉开发的成功经验，把遵化汤泉的开发做得更加成功。相信通过对遵化汤泉遗址的科学考察和考古发掘，将对其历史有更深入的探究，并且也会取得更为丰硕的成果。

（三）征集汤泉历史文物，充实其文化内涵

历史上，汤泉曾留下大量的文物和文化印记，但是在"文化大革命"当中，这些宝贵的财富遭到了严重破坏，众多的古建筑被拆除，如林的名人碑刻，有些还流落在民间，有些就地掩埋，有些被运到其他地方掩埋。经过我市文物管理部门的努力，一些碑刻已经被收回，还有些已经发现线索，通过认真做相关人员的工作，可以收回。建议政府拨出部分资金，并以市政府的名义，组织文物征集，动员当地群众主动捐献汤泉文物。对主动捐献文物者给予适当奖励，这对汤泉的开发会起到积极作用。

（四）恢复古建，复原历史面貌

汤泉遗址，是我市唯一一处兼有洗浴和历史文化性质的文物，是不可再生的宝贵文化资源。在开发中，现代建筑物随时可以建设，但是历史文物是不可再生的，对此我们必须给予高度重视。对于汤泉遗址的开发，要确保其唯一性和历史传承性，宁可晚些开发，也不要盲目开发。如果盲目开工，造成的损失会是不可估量的，将会遗恨千古，使我们成为历史罪人。

在汤泉的开发过程中，要坚持旅游开发与文物保护并重的原则，立足实际，着眼未来，以历史文化为脉络，从目标定位、功能分区、建设项目、商业布局等方面进行规划，着力开发打造旅游区景点。将文化旅游与遵化市域经济发展紧密结合起来，开发与保护并重，做大做强文化旅游产业，在文化资源的开发和利用上取得长足进展。按照"修旧如旧，原貌恢复，统一风格"的思路，对汤泉古遗址进行保护性改造，着力打造满族民俗文化等项目，使之成为当地旅游文化开发的新亮点。

对于明代汤泉的建筑记载较为详细的，是戚继光所作的《蓟门汤泉记》。这篇文章除收入《止止堂集》，还刻在汤泉总池北侧的六棱石幢上，石幢上还摹刻有经戚继光修缮后的汤泉建筑的分布图，这是我们今天研究明朝遵化汤泉建筑最可靠、最翔实的资料。入清以后，满族最高统治者又对汤泉进行了一些改造，部分改变了明朝时汤泉的布局。但是清朝时期对遵化汤泉建筑的这些改变，也没有留下文字资料可供我们研究时参考。清乾隆时期任遵化知州的傅修，曾经编纂过一部《直隶遵化州志》，其中有一张描画清朝时期汤泉建筑的草图。但它仅仅是一张示意性的草图，只能供我们研究时参考。今天，我们只有靠披沙拣金的功夫，来追寻历史上汤泉建筑的真实面貌。

到目前为止，历史上汤泉的建筑，大部分已经无踪迹可寻。但是从现存的文字和画图的史料来看，在明朝时，这里的建筑主要包括寺院、石幢、汤泉总池、六角杯亭和碑林等。其建筑布局如何，我们仅能从戚继光所撰写的《葺汤泉碑记》中，追寻出其大概情况。至于各座建筑物的形式、室内的布置等具体的问题，则有待于在对汤泉遗址进行发掘与清理时，才能得到进一步的考证与研究。

清朝初期，汤泉原有建筑物，除了福泉寺之外，基本上都被清朝统治者根据自己的需要，在较大程度上进行了改造。其中最为明显的，就是在福泉寺和观音殿两寺之间增建了汤泉行宫。而在当时，为了休沐治疗的方便，太皇太后和皇帝是分开居住的，所以清朝又在距汤泉行宫约五里之外的鲇鱼池修建了行宫，以备清圣祖玄烨驾幸汤泉时休憩之用。

关于清朝时期汤泉福泉寺寺院布局，在清乾隆年间马兰镇总兵布兰泰所修《昌瑞山万年统志》一书中，绘有一幅汤泉图。从这幅图中可知，清朝时，福泉寺建筑物由南向北依次为：帆杆二根，立于山门前之左右。山门一座，型制为单檐悬山式，间数不详。门内左侧即东侧有钟楼一座，高两层；右侧有鼓楼一座，亦高两层。两楼上层均为单檐歇山式。钟鼓楼北左右各一配房，各面阔三间，型制为单檐硬山式。稍北大殿三间，型制单檐悬山式。其北有殿堂五间，为单檐硬山顶式。再北为殿堂五间，也是单檐硬山顶式。最北面山脚下是一座两层楼建筑物。下层共十一间，中部五间为两层，两面左右各三间为一层。中部高起的五间，为单檐硬山顶式。

按明正德时陈瑗所撰《敕赐福泉禅寺碑记》记载，这些建筑物，应分别是大觉圣尊天王殿、地藏菩萨堂、伽蓝堂。最北一幢的两层建筑，按照一般的庙宇建筑物用途，应该是一座藏经阁。据当地群众回忆，福泉寺所供奉的乃是一尊卧佛，此为佛祖涅槃像。据《大般涅槃经》记载，佛在 80 岁时自知已得重病，便同弟子从毗舍离城向西北走，想回到自己的家乡，即今天尼泊尔的蓝毗尼。但走到拘尸那迦城，病情加重。涅槃的那天，他在河里洗了澡，在一个长满娑罗双树的小树林里安了绳床。他枕着右手侧身卧着，头朝北，脚朝南，背朝东，面朝西，离世而去。根据这个情节所塑造的佛像，即是佛祖涅槃像。在中国，有数处佛祖涅槃造像。如甘肃张掖佛祖涅槃造像，金妆彩绘，面庞贴金，头枕莲台，面西侧身而卧，双眼半闭，嘴唇微启，造像丰满端秀，姿态怡静安详。胸前饰斗大“卍”字符号，梵文寓意“吉祥海云相”。卧佛首足处塑大梵天、帝释天立像各一尊，女身云髻高挽，彩带飘扬；男像面目威严，峨冠博带。背面为十大弟子举哀像，殿南北两侧塑十八罗汉群像。整组造像造型精美，比例协调，线条流畅，神态自然，端庄祥和，栩栩如生。汤泉福泉寺中，如依照历史原貌进行恢复造像，会给遵化旅游增加新的内涵。

入清以后，遵化汤泉为清世祖福临和清圣祖玄烨所瞩目。他们曾经多次来到这里洗浴养疾。在顺治十八年建立世祖的孝陵以后，这里更成为皇家休沐的场所。

康熙年间，在这里建起了御汤池。清朝遵化知州郑侨生所纂的《遵化州志》中这样记载汤泉浴池：“我国朝易官池为禁池，即圣天子汤沐所矣！圣驾时临，恒于农隙讲武而驻跸矣。王公大人从濯，各有其区。由是轮奂改观，甲于天下矣！”从中我们可以知道，清朝的汤泉行宫，其实就是利用明朝时旧有的官池和民池，在对其进行改造之后，供皇帝及太皇太后使用的。

汤泉行宫位于福泉寺和观音殿之间。据清朝初期大臣高士奇所著《松亭行纪》载：“世祖章皇帝驾常临幸，命建宫其旁，丹碧而已，不加华彩。”以此，则遵化汤泉行宫始建于清世祖顺治年间，而其大兴工程，则应是在清圣祖康熙年间。

查乾隆年间遵化知州傅修所纂的《直隶遵化州志》中，有一幅《汤泉浴日图》，对于汤泉行宫的建筑物布局和建筑形式有所体现。而乾隆时期任马兰关总兵、兼任东陵总管内务府大臣的布兰泰所修撰的《昌瑞山万年统志》一书中，也有一幅《汤泉图》。此图在画法上较《直隶遵化州志》中的《汤泉浴日图》要详细得多，虽然其中没有行宫内各座建筑物的具体名称，但是于各座建筑物的基本规制，则是历历可见的。从图上我们可以看出，汤泉行宫以院内短墙为界限，区分为南北三个院落。

最北部院落内，有北正房五间，布瓦卷棚顶，房后是一片空阔的小院。房前建佛塔一座。西侧有厢房三间，小院前有大门一座，面阔五间。在北正房与大门东侧，有一道卡子墙，分出一个小院，内建瓦房三间，据推测，此处应当是一座浴池。

北数第二个院落，仅有建筑物一座，坐西朝东，面阔也是三间。

最南面的小院内，又用南北方向的两道卡子墙分成三个小型院落。东区有坐东朝西建筑物一座，三间面阔。中区正房一座，间数不详。西区正房三间，行宫正门一座，面阔三间。大门外建影壁一座。

行宫东，即是观音殿，清朝时亦称之为寺。遵化地方志书中所谓两寺之间是行宫，两寺，即一指福泉寺，一指观音殿而言。

观音殿内的建筑物，从北向南依次为两座殿宇，各为三间。最北者是单檐硬山顶式，据说是供奉关圣帝君关羽的地方；其南面者为单檐歇山顶，规制较高，应当是供奉观音像的地方，为此寺的中心建筑物。这一点，在清光绪年间所修纂的《遵化通志》一书中得到了证明：观音殿“北供奉关圣帝君，后殿奉观音像”。观音殿南有短墙，墙头呈雉堞状。此南有一座桥。再南是明朝戚继光所建的六棱石幢。石幢左右建东西庑，均为三间单檐硬山顶式。

石幢之南有一道卡子墙，建大门一道，门面阔三间。门外左侧即东侧竖石碑一统，上刻清圣祖玄烨御书《温泉行》诗。碑为交龙螭首，其下碑座是石质方趺，趺座上高浮雕龙纹。

门南正对汤泉方池，据《蓟门汤泉记》所描述，参考明朝王衡和清初高士奇等人描写遵化汤泉的文章，九新堂应是正建在方池之上。方池南为六角觞亭，即流杯亭。杯亭南正对山门三间。周围绕以朱墙，门外为帆杆二根。东侧墙外有小院一座，院内有僧寮数间。观音殿墙外有房屋数处，用途不详，据推测应是供平民所用的浴池。其东南角有荷塘一区，每到夏秋之际，荷花盛开，香气扑鼻。

遵化汤泉遗址的开发，应该由规划部门联合文物管理部门，统一进行布局，在这一区域搞建设开发，必须坚持尊重传统文化、恢复历史面貌的原则，不得随意建筑。尤其是现汤泉疗养院和汤泉乡政府内遗址的开发与利用，必须联合文物管理、城市规划等相关部门，在经过科学论证和考古调查之后，再利用这些成果，制定科学合理的开发设计方案，依法进行。开发设计方案必须经过文物管理部门批准，否则不得开工建设。

目前，整个汤泉乡范围内的已建和待建的休闲洗浴项目共有 7 家。其中较大的两家，一是福泉新宫度假村，一是董氏集团洗浴中心。这 7 处洗浴中心已建和未建的建筑，据我所了解的情况来看，形式虽各有不同，但基本以都是现代化建筑物为主，缺少一座古建式的洗浴建筑。我认为，对于汤泉遗址的开发，要脱离开兴建现代建筑物的老路，走出一条恢复古代建筑物，与其他几座洗浴中心有根本不同，独具建筑特色的道路。

在唐山总工会汤泉疗养院内建造洗浴中心，必须按照清朝时期的原貌进行恢复建设，保持历史原貌，打造原汁原味的历史文化洗浴项目。在这一区域内，绝对不得兴建任何现代建筑，而要综合利用文物考古、历史古籍、科学研究等各个方面的成果，按照清朝时期的建筑风格，恢复当时的历史建筑。

具体地说，现疗养院内的观音殿、其西侧的清朝行宫、行宫西侧的福泉寺、福泉寺西南角的四时馆等古代建筑物，都要逐步恢复历史原貌。恢复了这些古代建筑，不但保存了历史文化，同时也能让其承担起保存和传播遵化汤泉历史文化、促进旅游业发展的使命。在这些建筑物里面，不但要有洗浴设施，更应该建设汤泉文化博物馆，从而真正起到传承和保护汤泉文化的作用。由于这些复古式建筑具有自己独特的历史色彩，是遵化市、河北省，乃至世界唯一的特有资源，所以它的恢复，必将给遵化市创造出更好的经济效益。

这样做，虽然可能投资会高些，但是随着时间的推移，建筑物本身的文物价值将更加凸显出来，而且时间愈久，其经济价值和文化价值将会愈高。

当然，这种保护不是单纯投入的、僵化静止的保护，而应在科学研究、合理布局的基础之上加以有效利用，从而充分发挥其经济效益。只有这样，才能把汤泉遗址保护得更好，使汤泉遗址保护真正落到实处。

相信在市政府精心指导和策划下，在市人大和市政协的关心下，通过各个部门和开发商的共同努力，遵化汤泉遗址将会在继承历史文化的基础上延续它原有的辉煌，并且会放射出更加灿烂的异彩。遵化汤泉的开发，一定会走出一条符合自己实际情况、蒸蒸日上的道路。

二〇一二年十月九日

附录二

董鄂妃与遵化汤泉

晏子有

清朝宫廷，尤其是顺治和康熙两代皇帝，与遵化汤泉结下了不解之缘。不但那些皇帝、皇太后、皇后和王公大臣们一再来这里游玩沐浴，而且连一些宫中妃嫔，也在皇帝的带领下，到遵化汤泉沐浴恩泽，与这里产生了丝丝缕缕的瓜葛。清朝顺治皇帝的宠妃董鄂氏，即是其中的一位。

董鄂妃，《清史稿·后妃传》也作栋鄂氏，清初的文献中亦称董妃。据清朝官方史书记载，她是内大臣鄂硕之女，“年十八入侍”，入宫以后，皇上对她恩宠超过一般人，以至于“宠冠后宫”。这一点，从她在宫中地位上升的速度，就可以看得出来。据《清史稿·后妃传》和《清皇室四谱·后妃》记载，顺治十三年八月，立董鄂氏为贤妃。仅仅四个月后，当年的十二月，顺治帝竟越过贵妃一级，将她直接晋封为皇贵妃。不但按例行册立礼，而且颁诏大赦。大赦这一待遇，是清朝在以前册封皇贵妃时不曾有过的，其中大概包含着顺治帝为董鄂妃邀买名誉的用意。

然而，董鄂氏虽然居于皇贵妃专用的承乾宫中，其地位仅在皇后一人之下，并且受到顺治皇帝三千宠爱在一身的待遇，但她在宫廷之中，却一直战战兢兢，如履薄冰，精神始终处于紧张状态。

据清顺治皇帝亲自撰写的《董妃行状》记载：“后性孝敬，知大体，其于上下，能谦抑惠爱，不以贵自矜。”在宫中对皇太后体贴入微，侍奉得非常周到，其感情如同是皇太后亲生子女。在皇太后身边奔走操劳，所作所为竟像是宫中侍女。每逢孝庄皇太后身体不适，董妃更是昼夜不敢离开，孝养之勤，甚至超过了皇太后的儿子顺治皇帝。对于顺治帝继立中宫孝惠皇后，甚至是那些地位比自己低的妃子，都以恭谨的态度相待。如永寿宫妃石氏患病时，董后“亦躬视扶持，三昼夜忘寝兴，其所以殷殷慰解悲，预为治备”。对于顺治皇帝本人，董妃虽然处在皇贵妃的地位，但竟然事之若父。

由于董鄂氏在宫中处事恭敬谨慎，孝庄皇太后与她的关系，似乎也达到了不能须臾离开的地步。

除了在宫中时刻需要她的照顾，就连长途跋涉去汤泉洗浴时，孝庄皇太后也要求董鄂妃跟随在身边。顺治皇帝在其《董妃行状》中写道：“朕前奉皇太后幸汤泉，后以疾弗从。皇太后则曰：‘若独不能强起一往，以慰我心乎？’因再四勉之，盖日不忍去后如此。”行状中对于此次出行的目的地并没有说出来，但是综合清朝其他官方史料和私人诗词进行考证，则不难知道，孝庄皇太后这次出行所要去的，就是遵化汤泉等地。

《清世祖实录》卷一三〇：“顺治十六年十一月戊午朔。丙寅，出西红门校猎，丁丑，上驻跸三河县，戊寅，上驻跸马伸桥，己卯，上驻跸汤泉。癸未，上驻跸遵化县。十二月丁亥朔。壬辰，上驻跸汤泉，甲午，上驻跸天台山。”

但是，从两份史料中，我们似乎无法确定董鄂妃与遵化汤泉的关系。因为前一条虽然说了董妃跟随皇太后到了汤泉，但是没有说是哪一年来的；而后一条尽管说了皇帝在顺治十六年到了遵化汤泉，但其中并没有提到董鄂妃也跟着来到遵化汤泉。从这两条资料中，我们仍不能得出董鄂妃曾经到过遵化汤泉的结论。

清初著名诗人尤侗，在皇贵妃即后来追赠为孝献端敬皇后的董鄂氏死后，曾撰《恭拟端敬皇后挽词八首》，其中透露出董鄂妃与汤泉的一些消息。将其与其他两条史料结合起来，三条史料相互支持，恰恰可以证明董鄂氏确实在她病逝前一年，即顺治十六年陪同孝庄皇太后和世祖皇帝到过遵化汤泉。

尤侗在《恭拟端敬皇后（贵妃董氏）挽词八首》第二首中写道：

在天比翼地连枝，不信人生有别离。
湘渚旌旗归帝子，吴宫萧鼓葬西施。
三秋桂殿奔何早，五夜芜香梦尚迟。
此日温泉都化泪，春风肠断浴妃池。

此诗载于尤侗《西堂诗集·看云草堂集·卷二》，我看到本诗，是在“稽古右文”网上。

作者尤侗在这一首诗最后一联加以注释云：“去岁贵妃浴于汤泉。”董妃逝于顺治十七年。去岁，当是指董鄂氏病逝之前一年，即顺治十六年。与《清世祖实录》卷一三〇的资料相对照，正足以证明，董鄂氏确实曾于顺治十六年随着顺治皇帝和孝庄皇太后到过遵化汤泉进行洗浴。在诗人尤侗笔下，远在遵化的温泉，也因董妃的薨逝而化成悲悼的泪水；多情的春风，也因皇帝爱妃的逝去而肝肠欲断。尤侗诗和清世祖御制《董妃行状》及《清世祖实录》这些史料，共同证实了顺治皇帝的宠妃董鄂氏曾陪同皇太后、皇帝和皇后一起，来遵化汤泉洗浴过这一事实。

但董鄂氏这次出行，却是在身患疾病的状况下，经孝庄皇太后一再要求才得以成行的。出京时间为顺治十六年十一月初九日，到达遵化汤泉的时间是十一月二十二日，在这里待了四天的时间，二十六日又匆匆赶往遵化城，又经十天到十二月初六日，再次来到汤泉。十二月二十日回宫，前后历经 32 天。即使是董鄂氏不曾随从皇帝到滦州等处狩猎，但在当时的交通条件下，董妃经过从北京到遵化汤泉，数过一路百里颠簸，身体所受的折磨也已经难以承受。

董鄂氏于顺治十四年十月初七日生皇四子，次年正月二十四日皇四子死，追封为荣亲王。受到失去爱子这一沉重打击，董鄂氏身体一直患病。而孝庄皇太后不顾董妃身罹病症的情况，无视董鄂氏的一再婉辞，竟不近人情地“再四勉之”，要求她长途跋涉，陪同自己从京师到遵化汤泉来洗浴。其真实用意到底是什么，怕是只有孝庄皇太后本人才能真正知道了。

附录三

《温泉行》诗是康熙帝为遵化汤泉而作

晏颖

清朝皇帝玄烨于康熙十七年暮秋所作的《温泉行》一诗，到底是为哪个温泉而写的？在清朝不同的史料中，有着不同的说法。

一种说法是，此诗属于北京昌平汤山汤泉。此种说法，在以下几部书中，都曾经间接被提到，但是没有一部书对此作出非常明确的表达。

如缪荃孙、刘万源等于清光绪四年纂修的《光绪昌平州志》一书，在其第一卷《皇德记·圣祖仁皇帝宸章》一节中，载有玄烨所作的《温泉行》一诗。(《光绪昌平州志》，北京古籍出版社 1989 年版，第 14 页)但是，编纂者虽然把《温泉行》一诗收入书中，却并未明确说出此诗即是为昌平汤泉所写。

而另一部书，即清乾隆年间《钦定日下旧闻考》中却有如下记载："汤山，在[昌平]州东南三十里，有温泉可浴。……汤山下有温泉行宫在焉。……汤山行宫建自康熙年间。圣祖仁皇帝御制诗，并皇上御制诸什，恭载卷内。"接下来，就把康熙及乾隆两帝的一些有关汤泉的诗列入卷中。同样，此书也并未明确地表示出《温泉行》一诗是为昌平温泉所作。

而雍正时由直隶总督唐执玉、李卫监修，田易等人修纂的《畿輔通志》一书，只是把此诗纂入"宸章·圣祖仁皇帝"条，并未说明此诗属于昌平汤泉。(清雍正《畿辅通志》，唐执玉、李卫监修，田易纂，卷九)

同一书中，关于汤泉有这样的记载："汤山，昌平州东三十里，下有温泉。圣祖驻跸之所，行宫在焉。"(清雍正《畿辅通志》，唐执玉、李卫监修，田易纂，卷十七)虽提及清圣祖皇帝与汤山温泉的关系，但书中仍未涉及清圣祖在汤山汤泉撰写《温泉行》一诗之事。

可见，清圣祖皇帝玄烨所作《温泉行》一诗，与昌平汤山汤泉无涉。将《温泉行》一诗列入汤山温泉条中，当属《日下旧闻考》《光绪昌平州志》编纂者想当然的做法，或是以讹传讹所为。

而另一种说法是，《温泉行》一诗系圣祖为遵化汤泉所写。此说法，见于清朝不同时期所编纂的遵化旧志中，包括康熙时期《遵化县志》、乾隆年间的两种《直隶遵化州志》和《大清一统志》、光绪年间的《遵化通志》，以及清东陵总兵所纂的《昌瑞山万年统志》等书。

光绪版《遵化通志》载："谨案，右碑在州西福泉寺内，为圣祖展谒孝陵礼成，驾幸汤泉时，御笔勒石，奎藻贞珉，洵足亿禩钦仰云。"（《遵化通志》卷五・陵寝・宸翰）其卷十条载："福泉寺行宫，在遵化州西北四十里，泉沸如汤，引为浴池。明武宗赐额曰'福泉'。圣祖仁皇帝屡临幸焉。有十九年[原文有误，当为十七年——引者]九月御题《温泉行》镌碑泉北。"（《遵化通志》卷十・陵寝・行宫）

清乾隆年间成书的《直隶遵化州志》中明确记载着：清圣祖仁皇帝所撰手书之《温泉行》诗碑立于汤泉总池之北，更有草图，证明诗碑所立之处。同为清乾隆年间成书，由守护清东陵的马兰镇总兵布兰泰所纂的《昌瑞山万年统志》一书中，有一幅较为详尽的汤泉建筑群图，图中也有圣祖碑所在位置的标示。

乾隆《钦定大清一统志》卷二十九更有明确记载："汤泉在（遵化）州西北四十里福泉寺山下，宽平约半亩。泉水沸出，隆冬如汤，旁引为玉池，圣祖每经临幸，有御制《温泉行》。"此更为《温泉行》诗是为遵化汤泉而作的确凿证据。

直到20世纪60年代初，《温泉行》诗碑还矗立于遵化汤泉池畔。可惜到了"文化大革命"时期，此碑与其他吟诵遵化汤泉的诗文碑一起，被人或推倒或砸碎。而《温泉行》碑，碑身劈为四半掩埋于地下。龙趺碑座虽然尚存，但是被当时的生产队凿为牛槽，今其上龙纹依然清晰可辨。被劈坏的《温泉行》碑碑身，所幸其右上角的1/4部分已经找到，其诗题和部分诗句仍然十分清楚。碑额为篆字"御书"，仍清晰可见。

以上的资料和诗碑实物都足以证明，康熙皇帝所撰写并手书的《温泉行》一诗，是针对遵化汤泉，是为他所喜爱并多次沐浴的遵化汤泉而写的，这一点毫无疑义，与其他地方的温泉，无有实质性的关系。

清康熙皇帝御制《温泉行》诗碑残部

附录四

满族第一进士牛钮与遵化汤泉

晏子有

清康熙二十年三月，皇上借参拜孝陵的机会，命随行的众多大臣到遵化汤泉洗浴，并赋诗吟咏福泉胜景。据随行的詹事府詹事高士奇所著《松亭行纪》一书记载，当时陪驾到汤泉的大臣，有大学士明珠、李霨、尚书梁清标、吴正治、魏象枢、朱之弼、王熙、左都御史徐元文、侍郎杨永宁、李天馥、项景襄、杜臻、翰林院学士张英、侍讲学士张玉书、詹事沈荃、王飏昌、蒋弘道、通政使司通政王盛唐、大理寺卿张云翼、太常寺卿崔澄、编修杜讷、詹事府詹事高士奇等，共22人。在这些人中，除王飏昌、王盛唐、崔澄三人外，其他人都有诗唱和。这些诗，在清乾隆年间成书的《直隶遵化州志》和《昌瑞山万年统志》中有记载。但令人奇怪的是，两书中还记有牛钮《赐观汤泉应制四律》，其实牛钮当时并没有来到遵化汤泉现场。

那么牛钮为什么没有到现场呢？原来，当皇帝率领群臣驾幸马兰峪观汤泉，并命大臣赋诗时，牛钮已于清康熙二十年二月出使朝鲜，所以没能够亲临遵化汤泉。等牛钮出使朝鲜归来，皇帝又命他补作《汤泉应制》诗，并与群臣所作诗一同镌刻于汤泉所在地石碑之上。

在皇权时代，能够亲临皇帝组织的盛会并赋诗，被人们认为是极大的荣幸。当时没能亲临汤泉写诗的朝中重臣很多，并且一些大臣虽然也陪同皇帝来到汤泉，却并没有写诗。为什么牛钮没到场，皇帝却情有让他后补赋诗呢？原来这和他的经历有关。

据与牛钮同时的徐乾学所撰《资政大夫、经筵讲官、内阁学士兼礼部侍郎牛公墓志铭》记载：牛钮，字枢臣，赫舍里氏，是清代满族人中的第一位进士。生于顺治五年（1648 年），卒于康熙二十五年（1686 年），享年 39 岁。

牛钮幼年聪颖好学，经常读书至半夜不知休息，父母心疼加以制止，他就阖上书卷熄灯默诵。因为学习刻苦，学问大增。康熙八年参加顺天府乡试，次年中进士，选庶吉士。先后任《太宗实录》纂修官。十三年正月，升任日讲起居注官。十八年五月，殿试考第一，即日除侍讲学士，六月转侍读学士。满汉文字在互译时，由于翻译者水平所限，往往与原文本义不相符合，并且达不到语言优雅流畅。牛钮在做满汉文翻译时便认真研究，力求融会贯通。二十年二月，牛钮任出使朝鲜正使。次年二月进翰林院詹事，五月任掌院学士，兼礼部侍郎。六月充《鉴古辑略》总裁，又充《明史》总裁。

牛钮是第一位考中进士的满族人，并且汉族文化造诣极深。为了鼓励满族人学习儒家文化，康熙皇帝对这第一位满族进士，自然要另眼相看，而康熙皇帝之所以如此看重牛钮，其中也不乏向汉人炫耀之意；还有一个原因，就是牛钮是出使朝鲜的正使。自汉朝以来，朝鲜就成了中国的附属国。明清两朝，这种关系更加密切，为了表示对于附属国朝鲜的重视，对于出使该国的使臣自然也要高看一眼。

由于以上原因，康熙皇帝才在遵化汤泉盛会上给这位远在千里之外、出使朝鲜的使者牛钮一个千古留名的机会。

附录五

明代朝鲜诗人柳永吉与遵化福泉寺

晏子有

处于中国腹地的遵化和朝鲜半岛相隔遥远，但是在历史上，作为明清畿辅之地的重要城市，这里却曾经是明清朝廷和宗属国朝鲜使臣往来的必经之路。这就使得遵化的福泉寺与遥远的朝鲜产生了密切的联系。

在《明诗综》和清初王渔洋《池北偶谈》两部书中，都提到了柳永吉的《福泉寺》一诗，说它是明朝使者从朝鲜采集来的汉文诗歌。《明诗综》一书中收集的诗歌，有相当一部分是朝鲜人在出使明朝时所写的。《福泉寺》一诗，就是柳永吉出使明朝住宿于遵化福泉寺时所作。

柳永吉《福泉寺》全诗如下：

落叶鸣廊夜雨悬，佛灯明灭客无眠
仙山一到伤春暮，乌帽欺人二十年。

据所查到的韩文资料记载：柳永吉，明朝时期朝鲜人，字德纯，号月篷，籍贯朝鲜全州。他是柳轩的曾孙，其祖父是柳世麟，父亲是参奉柳仪，母亲是卢佥的女儿。柳永吉还是领议政柳永庆的哥哥。他出生于1538年，即朝鲜王朝中宗三十三年，去世于1601年，即朝鲜宣祖三十四年。他生活的年代，相当于明王朝嘉靖十七年至明万历二十一年。

他于1559年考取别试文科，曾任副修撰，正言，兵曹左郎，典籍、献纳等官职，于1565年担任平安道道使，但是由于阿谀权臣李樑被弹劾罢职。1589年担任江原道观察使，承文院提调等官职。

1592 年倭寇入侵朝鲜，柳永吉在春川任江原道观察使，当时协助防守将领元豪在骊州甓寺阻止入侵的日本军队渡河。可是他却错误地发送檄书，把元豪的部队调动到本岛，从而使得日军有机会渡河。

1597 年，柳永吉担任护军、延安府使，两年后担任兵曹参判、京畿道观察使，1600 年担任礼曹参判。柳永吉一生精于诗文，著作有《月篷集》。

柳永吉出使明朝的具体年代不详，但是从《福泉寺》一诗中可以看出，当时他的情绪非常低落：在夜雨声中，暮春之际却听到了树叶在廊间鸣落，可见自然界的些微变化对他都是极大的冲击。在这首诗里，我们看到的不是春天的明媚，体会到的却是深秋的肃杀。“乌帽欺人二十年”更是写出了诗人心中的惆怅和无奈。乌帽是隋唐时人所戴的一种帽子，高直顶部圆而且尖。后传入日本和朝鲜。可见他出使明朝的时间，当是在政治上失意之后。

关于资料中提到的朝鲜权臣李梁（1519—1563 年），可以查到的资料不多，只知道他是全州李氏，字公举。他是朝鲜王朝的王族，儒学者和政治人物。朝鲜太宗的次男孝宁大君李补的五代孙，朝鲜明宗妃仁顺王后沈氏和沈义谦，沈忠谦兄弟的舅父。

明朝时期的朝鲜人柳永吉，用诗歌抒发了自己在政治斗争中失意的悲凉心境，也记下了自己出使明朝，来到并住宿在遵化福泉寺的行踪。

附录六

唐玄宗幸汤泉表（一）（据《新唐书》整理）

开元年间（公元 713—741 年）					
年份	来日	去日	天数	所去汤泉	备注
元年	十月己亥	癸卯	5	骊山	
二年	九月戊申	十月戊午	11	骊山	
三年	十月甲子	十一月己卯	17	凤泉	
	十一月乙酉	甲午	10	新丰	
四年	二月丙辰	丁卯	12	新丰	
	十二月丙辰	乙丑	10	骊山	
七年	十月辛卯	癸卯	13	骊山	
八年	十月庚寅	十一月乙卯	26	骊山	
九年	正月丙寅	乙亥	10	骊山	
	十二月乙酉	壬辰	8	骊山	
十一年	十月丁酉	戊申	12	骊山	
	十二月甲午	戊申	15	凤泉	
十四年	十月庚申	己巳	10	广成	
十五年	十二月乙亥	丙戌	12	骊山	
十六年	十月己卯	己丑	11	骊山	
	十二月丁卯	丁丑	11	骊山	
十七年	十二月辛酉	壬申	12	骊山	
十八年	十月庚寅	癸卯	14	凤泉	
十八年	十一月丁卯	丁丑	11	骊山	

续表

开元年间（公元 713—741 年）					
二十一年	正月丁巳	二月丁亥	31	骊山	《旧唐书》丁巳至癸亥 7 天
	十月庚戌	己未	10	骊山	
二十五年	十一月壬申	乙酉	14	骊山	
二十六年	十月戊寅	壬辰	15	骊山	
二十七年	十月丙戌	十一月辛丑	16	骊山	《旧唐书》戊戌至辛巳 44 天
二十八年	正月癸巳	庚子	8	骊山	
	十月甲子	辛巳	18	骊山	
二十九年	正月癸巳	庚子	8	骊山	
	十月丙申	十一月辛酉	26	骊山	
合计			390		

唐玄宗幸汤泉表（二）（据《新唐书》整理）

天宝年间（公元 742—756 年）					
年份	来日	去日	天数	所去汤泉	备注
元年	十月丁酉	十一月己巳	33	骊山	
二年	十月戊寅	十一月乙卯	38	骊山	
三载	正月辛丑	二月庚午	30	骊山	《旧唐书》丙辰至壬寅 28 天
	十月甲午	十一月乙卯	22	骊山	《旧唐书》癸巳至癸卯 11 天
四载	十月戊戌	十二月戊戌	61	骊山	《旧唐书》丁酉至戊戌 62 天
五载	十月戊戌	十一月乙巳	8	骊山	《旧唐书》丁酉至己巳 33 天
六载	十月戊申	十二月癸丑	66	骊山	《旧唐书》戊申至壬戌 75 天
七载	十月庚戌	十二月辛酉	72	骊山	《旧唐书》庚午至辛酉 52 天
八载	十月乙丑				
九载		正月己亥	95	骊山	《旧唐书》丙寅至己亥 94 天
九载	十月庚申	十二月乙亥	76	骊山	《旧唐书》庚寅至乙亥 46 天
十载	十月壬子				
十一载		正月丁亥	96	骊山	《旧唐书》辛亥至辛亥 61 天
	十月戊寅	十二月丁亥	70	骊山	《旧唐书》戊寅至己亥 82 天
十二载	十月戊寅				
十三载		正月丙午	89	骊山	《旧唐书》戊申至丙午 119 天
十三载	十月乙酉	十二月戊午	34	骊山	《旧唐书》壬寅至戊午 77 天
十四载	十月庚寅	十一月丙子	47	骊山	《旧唐书》壬辰至戊寅 47 天
合计			837		

附录七

清圣祖幸汤泉表

年代（康熙）	去日	回日	天数	地点	备注
十一年	一月廿四日	三月廿二日	30	赤城	奉太皇太后
	八月二十五日	十月三日	35	遵化	奉太皇太后
十四年	八月十七日	九月十一日	9	昌平	奉太皇太后
	十月十五日		1	遵化	幸凤台山
十五年	八月十二日	十月十二日	60	昌平	奉太皇太后
十六年	九月十二日	十月六日	8	遵化	阅仁孝皇后陵
十七年	九月十四日	十一月十九	25	遵化	奉太皇太后
二十年	三月二十七日	四月二十九日	11	遵化	奉太皇太后
二十年	十一月十九日	二十九日	3	遵化	三藩平定告捷
二十一年	十月二十三日	二十四日	2	遵化	谒孝陵
	十一月四日	七日	4	遵化	谒孝陵
二十二年	十一月二十四日	十二月三日	3	遵化	平台湾告捷并巡边
二十三年	六月一日	七日	7	承德	巡幸
二十四年	七月九日		1	承德	避暑
二十五年	十一月二十日	二十八日	2	遵化	祭孝陵
二十七年	四月十九日	二十二日	4	遵化	送孝庄梓宫
	十二月二十一日	二十四日	4	遵化	送孝庄册宝
二十八年	九月三日		1	承德	巡幸
	十月二十日	二十九日	3	遵化	送孝懿梓宫并巡边

续表

年代（康熙）	去日	回日	天数	地点	备注
四十五年	十一月二十六日		1	遵化	谒孝庄陵并阅皇后陵
	十二月七日		1	承德	巡幸
五十三年	七月八日		1	承德	巡幸
五十四年	四月二十六日		1	昌平	避暑
	八月十日		1	承德	避暑
五十五年	正月二十一日	二十二日	2	昌平	巡幸
	二月二日	十二日	10	昌平	巡幸
	闰三月九日	十四日	6	昌平	巡幸
	六月二十八日	七月四日	6	承德	巡幸
	九月二十五日	二十八日	4	昌平	
	十月十五日	二十日	6	昌平	
	十一月 二十日	二十一日	2	遵化	谒暂安奉殿及孝陵
	十二月二十二日	二十三日	2	昌平	
五十六年	正月十九日	二十六日	8	昌平	
	四月十七日	十八日	2	昌平	北巡
	八月二日		1	承德	北巡
	十月十八日		1	怀柔	北巡归来
	十一月三日	十五日	13	昌平	因足疾疗养
五十七年	正月八日	二月二十八日	51	昌平	因足疾疗养
合计			332	其中遵化汤泉109天	

后 记

《庄子》一书中，记载了这样一则故事：大河岸边，有父子靠编织苇席过活。一天，儿子潜入深渊，取来了一颗价值千金的珠子。父亲说："千金之珠，必在九渊之下，骊龙脖子之间。你是趁着骊龙睡着了的时候才取来的，否则，你还能够活着回来吗？"此言骊珠得之不易，唯其难得，所以珍贵！

我们编写成的这部《福泉骊珠》，就容纳了一颗颗从九重之渊打捞上来的骊龙颔下珍珠。庄子寓言，即是本书命名的出处。

自南北朝时起，遵化汤泉就进入了文人墨客的法眼。但是直到明代以后，才有诗句文赋留在世间。而这些美妙的语言，却又如散珠碎玉一般，被抛洒在茫茫书海之中，沉埋于九渊之下，世人难以窥其全貌。

早在明朝时候，就有人以骊珠喻温泉。明朝时的诗人华清曾在其为遵化汤泉所作的《汤池》一诗中写出这样的句子："玉泉上阴火，喷薄骊龙珠。"

以"福泉骊珠"为本书命名，有两层含义：第一，温泉水从地下喷薄而出，如骊珠滚滚而上，名以状物；第二，搜集书中的二百余首诗词和十数篇文赋，历经艰难。其中甘苦，作者自知！亦望读者能体会作者之甘苦滋味，并对书中的不足予以恳切的批评！

感谢北京东方依水源房地产有限公司，提供资金购置大量书籍，给了我们潜身书海、游弋九重之渊的广阔平台。感谢遵化福泉新宫度假村的广大同仁，给我们以极大的激励。尤其要感谢马鸿鸣董事长，既热心遵化市经济建设，更关心乡梓文化这一千古事业。他为本书的出版精心策划，不但从谋篇布局着手，出全资刊印本套书籍，而且广泛读书，把自己收集到的资料提供给作者。不盲从，不偏信，追求探寻信史，屡次向本书作者问难切磋，诚恂恂有儒者之风焉！

晏子有　晏颖

二〇一八年孟夏